Integración de la Ingeniería Energética con la Ingeniería Química. Matlab

Pablo Barroso Rodríguez

2 de abril de 2025

Índice

Integración de la Ingeniería Energética con la Ingeniería Química. Matlab

Autor: Pablo Barroso Rodríguez

Fecha: 2 de abril de 2025

Editorial: BoD · Books on Demand,
Calle de Manzanares, 4, 28005 Madrid,
bod@bod.com.es
Impresión: Libri Plureos GmbH,
Friedensallee 273, 22763 Hamburg (Alemania)
ISBN: 978-84-1373-151-3

FSC
www.fsc.org
MIXTO
Papel procedente de fuentes responsables
Paper from responsible sources
FSC® C105338

1. Introducción

En las últimas décadas, la creciente preocupación por el cambio climático, la escasez de recursos fósiles y la necesidad de reducir la huella ambiental han impulsado a la comunidad científica e industrial a buscar alternativas sostenibles para el suministro energético y el desarrollo de procesos químicos. En este contexto, la integración de energías renovables en la ingeniería química se presenta como una estrategia clave para transformar la forma en que se diseñan y operan los procesos industriales, permitiendo no solo la reducción de emisiones de gases de efecto invernadero, sino también la mejora de la eficiencia energética y la optimización de la producción de compuestos de alto valor.

La aplicación de fuentes de energía renovable, como la solar, eólica y geotérmica, en procesos químicos ha permitido el desarrollo de sistemas innovadores en diversas áreas, tales como la síntesis catalítica, la separación de mezclas complejas, la fermentación para la producción de bioproductos, la conversión de CO_2 en productos químicos y la desalinización, entre otros. Por ejemplo, la utilización de energía solar para el precalentamiento de reactores o para la activación de catalizadores ha demostrado reducir significativamente el consumo de combustibles fósiles y los costos operativos, al tiempo que se minimiza el impacto ambiental.

La integración de energía renovable en la ingeniería química no se limita únicamente al aprovechamiento directo de la radiación solar o de la energía eólica para la generación de electricidad o calor, sino que también implica el diseño de sistemas híbridos que combinan diferentes fuentes de energía y tecnologías de almacenamiento. Estas soluciones permiten una operación continua y fiable, a pesar de la variabilidad inherente a las fuentes renovables. En este sentido, el diseño de reactores catalíticos, sistemas de adsorción, separación de azeótropos y de procesos de captura y conversión de CO_2 son ejemplos de áreas donde la sinergia entre la energía renovable y la ingeniería química puede generar procesos más eficientes y sostenibles.

Además, la integración de energías renovables ha abierto nuevas perspectivas en la producción de compuestos químicos tradicionales, como el ácido sulfúrico, el ácido acético y el amoníaco, en los cuales los métodos convencionales requieren altos consumos energéticos y generan importantes emisiones de carbono. La implementación de tecnologías renovables en estos procesos no solo contribuye a la mitigación del cambio climático, sino que también favorece la diversificación de las fuentes de energía y fomenta la innovación en el diseño de plantas industriales.

En este documento se presentan diversos modelos y estudios de caso que ilustran la aplicación de energías renovables en procesos químicos, abarcando desde el diseño de sistemas de separación y reacciones catalíticas hasta la integración de sistemas híbridos de cogeneración y conversión de CO_2. Cada sección aborda aspectos teóricos, modelados matemáticos y ejemplos prácticos, que permiten comprender de manera integral los desafíos y oportunidades que ofrece la integración energética en la ingeniería química. Se hace especial hincapié en la optimización de estos procesos, tanto desde la perspectiva técnica como económica, resaltando la importancia de alcanzar un equilibrio entre la eficiencia operativa y la sustentabilidad ambiental.

Esta línea de investigación no solo contribuye al desarrollo de tecnologías más limpias y eficientes, sino que también sienta las bases para una transformación profunda en la industria química, orientada hacia un modelo de producción responsable y resiliente frente a los retos energéticos y ambientales del siglo XXI.

2. Diseño de un reactor fotocatalítico para la producción de hidrógeno usando energía solar

La fotocatálisis es un proceso en el cual la energía lumínica (usualmente de la radiación solar) es aprovechada para activar un catalizador y acelerar reacciones químicas. En el caso de la producción de hidrógeno, se utiliza la fotocatálisis para promover la separación del agua (H_2O) en hidrógeno (H_2) y oxígeno (O_2). El rendimiento del proceso depende de parámetros como la intensidad de la radiación solar (I), la eficiencia del catalizador (representada por una constante cinética k) y el área efectiva del catalizador. En un reactor fotocatalítico, es común utilizar geometrías que maximicen la exposición del catalizador a la luz solar, como los reactores de pared cilíndrica.

Enunciado del Problema

Se desea diseñar un reactor fotocatalítico en forma de cilindro, con la superficie lateral recubierta de un catalizador fotoreactivo, para producir hidrógeno a partir de la separación del agua usando energía solar. Se asume que:

- La tasa de producción de hidrógeno por unidad de área es proporcional a la intensidad solar, de forma que:

  $$r = k\,I \quad \left[\frac{\mathrm{mol}}{\mathrm{m}^2 \cdot s}\right],$$

  donde k es la constante de reacción y I la irradiancia solar (W/m^2).

- El reactor tiene un volumen fijo V y se considera que solo la superficie lateral (área efectiva) es activa.

- Se requiere producir un total de N_d moles de hidrógeno en un tiempo de operación T.

Determine las dimensiones (radio R y altura h) del reactor, y realice un análisis paramétrico de la producción de hidrógeno en función del radio del reactor.

Modelo Matemático y Resolución Manual

Considerando un reactor cilíndrico:

- Volumen del reactor:

$$V = \pi R^2 h \quad \Rightarrow \quad h = \frac{V}{\pi R^2}.$$

- Área lateral (superficie activa):

$$A = 2\pi R h = 2\pi R \left(\frac{V}{\pi R^2} \right) = \frac{2V}{R}.$$

- La producción de hidrógeno en un tiempo T es:

$$N = rAT = kI \frac{2V}{R} T.$$

Para cumplir con el requerimiento de producir N_d moles, se impone:

$$N_d = \frac{2kIVT}{R}.$$

Despejando el radio R requerido:

$$R = \frac{2kIVT}{N_d}.$$

Ejemplo Numérico

Se asumen los siguientes valores:

- Volumen del reactor: $V = 0{,}1\,\mathrm{m}^3$

- Constante de reacción: $k = 1 \times 10^{-6} \frac{\text{mol}}{\text{m}^2 \cdot s\,(W/m^2)}$
- Irradiancia solar: $I = 800\,\text{W}/\text{m}^2$
- Tiempo de operación: $T = 10\,\text{horas} = 36000\,s$
- Producción deseada: $N_d = 5\,\text{mol}$

Sustituyendo en la ecuación:

$$R = \frac{2 \times (1 \times 10^{-6}) \times 800 \times 0{,}1 \times 36000}{5}.$$

Realizando el cálculo paso a paso:

$$\begin{aligned} 2 \times 1 \times 10^{-6} &= 2 \times 10^{-6}, \\ 2 \times 10^{-6} \times 800 &= 0{,}0016, \\ 0{,}0016 \times 0{,}1 &= 0{,}00016, \\ 0{,}00016 \times 36000 &= 5{,}76, \\ R &= \frac{5{,}76}{5} = 1{,}152\,\text{m}. \end{aligned}$$

La altura del reactor se determina como:

$$h = \frac{V}{\pi R^2} = \frac{0{,}1}{\pi(1{,}152)^2} \approx \frac{0{,}1}{4{,}17} \approx 0{,}024\,\text{m}.$$

Es decir, para producir 5 moles de hidrógeno en 10 horas, se requiere un reactor con un radio de aproximadamente 1,15 m y una altura de 2,4 cm.

Código en Matlab

A continuación se presenta un ejemplo de código en Matlab que calcula el radio requerido y realiza un análisis paramétrico de la producción de hidrógeno en función del radio del reactor.

Listing 1: Código Matlab para el diseño del reactor

```
% Diseño de un reactor fotocatalítico para producción de H2

% Datos del problema
V = 0.1;           % Volumen del reactor [m^3]
k = 1e-6;          % Constante de reacción [mol/(m^2 s (W/m^2))]
I = 800;           % Irradiancia solar [W/m^2]
T = 36000;         % Tiempo de operación [s] (10 horas)
Nd = 5;            % Producción deseada de H2 [mol]

% Cálculo del radio requerido para cumplir con la producción deseada
R_required = (2*k*I*V*T) / Nd;
fprintf('Radio requerido = %.3f m\n', R_required);

% Análisis paramétrico: variación de la producción de H2 en función del radio
R_values = linspace(0.5, 2.5, 100); % Rango de radios [m]
N_values = (2*k*I*V*T) ./ R_values;  % Producción de H2 en función de R

% Gráfica de la producción de H2 vs. radio del reactor
figure;
plot(R_values, N_values, 'LineWidth',2);
xlabel('Radio del reactor, R (m)');
ylabel('Producción de H_2, N (mol)');
title('Producción de Hidrógeno vs. Radio del Reactor');
grid on;
```

Gráficas Resultantes

La figura a continuación muestra la variación en la producción de hidrógeno en función del radio del reactor, considerando un rango de radios entre 0.5 m y 2.5 m.

Nota: Para obtener la gráfica, ejecute el código Matlab proporcionado. El archivo de imagen `grafica_h2.png` es el resultado generado por Matlab.

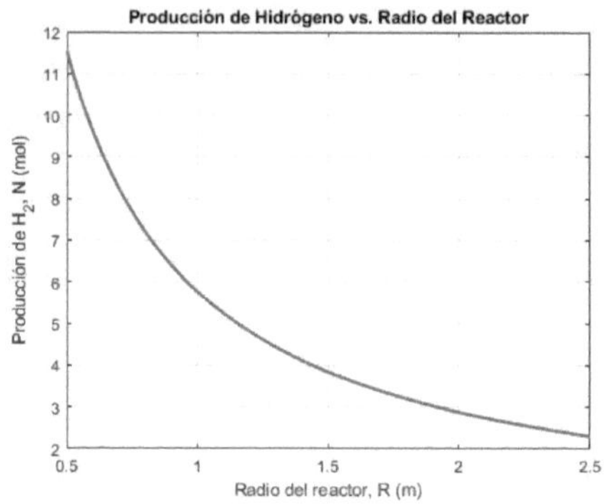

Figura 1: Producción de H_2 (mol) versus Radio del Reactor (m).

3. Optimización de la fermentación de biomasa con integración de energía eólica

La fermentación de biomasa es un proceso biotecnológico en el cual microorganismos (por ejemplo, levaduras o bacterias) transforman sustratos orgánicos en productos de interés (como etanol o ácidos orgánicos). La eficiencia del proceso depende de parámetros cinéticos, condiciones de operación y del diseño del reactor.

En muchos casos se requiere un control preciso de variables como la temperatura, el pH y la agitación para optimizar la conversión. La integración de energías renovables, en particular la eólica, puede aportar energía para sistemas de agitación y control térmico, mejorando la transferencia de masa y calor y, en consecuencia, acelerando la cinética de la fermentación.

Se puede modelar la cinética de fermentación mediante una ecuación de primer orden para el sustrato, cuya tasa de consumo depende de una constante efectiva k_{eff}. Esta constante se puede potenciar mediante la inyección de energía eólica, de forma que:

$$k_{\text{eff}} = k_0 + \alpha E,$$

donde:

- k_0 es la constante de reacción base (sin aporte de energía),
- α es un coeficiente que relaciona el incremento de la constante con la potencia eólica E (en kW),
- E es la potencia proveniente de energía eólica integrada al proceso.

La solución de la ecuación diferencial para la concentración del sustrato $S(t)$ en un proceso por lotes (batch) es:

$$S(t) = S_0 \exp\Big[-(k_0 + \alpha E)t \Big],$$

donde S_0 es la concentración inicial de sustrato. Si se desea alcanzar una conversión deseada X (por ejemplo, 80 % de conversión), se tiene:

$$S(t_f) = S_0(1 - X),$$

lo que permite determinar el tiempo de fermentación t_f en función de E.

Para optimizar el proceso se define una función objetivo que considere tanto el tiempo de fermentación t_f (a menor tiempo, mayor productividad) como el "costo" asociado al uso de energía eólica. Una forma de plantearlo es:

$$J(E) = t_f(E) + \lambda E^2,$$

donde λ es un factor de ponderación que penaliza el uso elevado de energía. El objetivo es encontrar el valor óptimo E^* que minimice $J(E)$.

Enunciado del Problema

Se tiene un reactor de fermentación en lote para la producción de etanol a partir de biomasa. La cinética del proceso se modela como de primer orden:

$$\frac{dS}{dt} = -(k_0 + \alpha E)S,$$

con $S(0) = S_0$. Se requiere alcanzar una conversión del 80 % del sustrato ($S(t_f) = 0{,}2\, S_0$).

Se deben determinar:

1. El tiempo de fermentación t_f en función de E.
2. El valor óptimo de E que minimice la función objetivo:

   $$J(E) = t_f(E) + \lambda E^2,$$

   con λ dado.

Modelo Matemático y Resolución Manual

Integrando la ecuación diferencial se tiene:

$$\int_{S_0}^{S(t)} \frac{dS}{S} = -\int_0^t (k_0 + \alpha E)\, dt,$$

lo que implica:

$$\ln\left(\frac{S(t)}{S_0}\right) = -(k_0 + \alpha E)t.$$

Para alcanzar una conversión $X = 0{,}8$:

$$\ln\left(\frac{0{,}2\, S_0}{S_0}\right) = -(k_0 + \alpha E)t_f \quad \Rightarrow \quad t_f = \frac{\ln(1/0{,}2)}{k_0 + \alpha E} = \frac{\ln 5}{k_0 + \alpha E}.$$

Definamos la función objetivo:

$$J(E) = \frac{\ln 5}{k_0 + \alpha E} + \lambda E^2.$$

Para encontrar el óptimo se diferencia $J(E)$ con respecto a E:

$$\frac{dJ}{dE} = -\frac{\alpha \ln 5}{(k_0 + \alpha E)^2} + 2\lambda E = 0.$$

De aquí se despeja E:

$$2\lambda E (k_0 + \alpha E)^2 = \alpha \ln 5.$$

Esta ecuación no tiene solución analítica sencilla, por lo que se resuelve numéricamente.

Ejemplo Numérico

Se suponen los siguientes parámetros:

- $S_0 = 1$ (unidad arbitraria),

- Conversión deseada: $X = 0{,}8$,
- $k_0 = 0{,}001\,\mathrm{s}^{-1}$,
- $\alpha = 0{,}0005\,\mathrm{s}^{-1}/\mathrm{kW}$,
- $\lambda = 100$ (unidad adecuada para equilibrar tiempo y costo).

Con estos datos, el tiempo de fermentación es:

$$t_f(E) = \frac{\ln 5}{0{,}001 + 0{,}0005\,E} \quad \text{con } \ln 5 \approx 1{,}6094.$$

La función objetivo es:

$$J(E) = \frac{1{,}6094}{0{,}001 + 0{,}0005\,E} + 100\,E^2.$$

La ecuación de optimización:

$$2{\cdot}100\,E\,(0{,}001{+}0{,}0005\,E)^2 = 0{,}0005{\cdot}1{,}6094 \quad \Rightarrow \quad 200\,E\,(0{,}001$$

Mediante métodos numéricos (por ejemplo, bisección o Newton-Raphson) se obtiene que el valor óptimo está en torno a:

$$E^* \approx 1{,}4\,\mathrm{kW}.$$

Para este valor se calcula:

$$t_f(1{,}4) \approx \frac{1{,}6094}{0{,}001 + 0{,}0005 \cdot 1{,}4} = \frac{1{,}6094}{0{,}001 + 0{,}0007} \approx \frac{1{,}6094}{0{,}0017} \approx 94$$

Código en Matlab

A continuación se presenta un código en Matlab que calcula el tiempo de fermentación y la función objetivo en función de E, determinando el valor óptimo de la potencia eólica.

Listing 2: Código Matlab para optimización de la fermentación

```matlab
% Parámetros del problema
k0 = 0.001;             % constante base [s^-1]
alpha = 0.0005;         % [s^-1/kW]
ln5 = log(5);           % ln(5) ~ 1.6094
lambda = 100;           % factor de penalización

% Definición de la función de tiempo de fermentación y función objetivo
tf = @(E) ln5./(k0 + alpha*E);          % Tiempo de fermentación [s]
J = @(E) tf(E) + lambda*E.^2;           % Función objetivo

% Rango de valores para E [kW]
E_values = linspace(0, 5, 200);

% Cálculo de tf y J para cada valor de E
tf_values = tf(E_values);
J_values  = J(E_values);

% Búsqueda del valor óptimo de E (minimización de J)
[E_opt, idx] = min(J_values);
E_opt = E_values(idx);
tf_opt = tf(E_opt);
fprintf('Potencia eólica óptima = %.3f kW\n', E_opt);
fprintf('Tiempo de fermentación óptimo = %.2f s\n', tf_opt);

% Gráficas
figure;
plot(E_values, tf_values, 'LineWidth',2);
xlabel('Potencia eólica, E (kW)');
ylabel('Tiempo de fermentación, t_f (s)');
title('Tiempo de Fermentación vs. Potencia Eólica');
grid on;

figure;
plot(E_values, J_values, 'LineWidth',2);
hold on;
plot(E_opt, J_values(idx), 'ro','MarkerSize',8, '
```

```
    LineWidth',2);
xlabel('Potencia eólica, E (kW)');
ylabel('Función objetivo, J(E)');
title('Optimización de la Función Objetivo J(E)');
legend('J(E)','Óptimo');
grid on;
```

Gráficas Resultantes

Al ejecutar el código Matlab se obtienen dos gráficas:

Nota: Para visualizar las gráficas, ejecute el código Matlab proporcionado, el cual generará los archivos de imagen `tf_vs_E.` y `J_vs_E.png`.

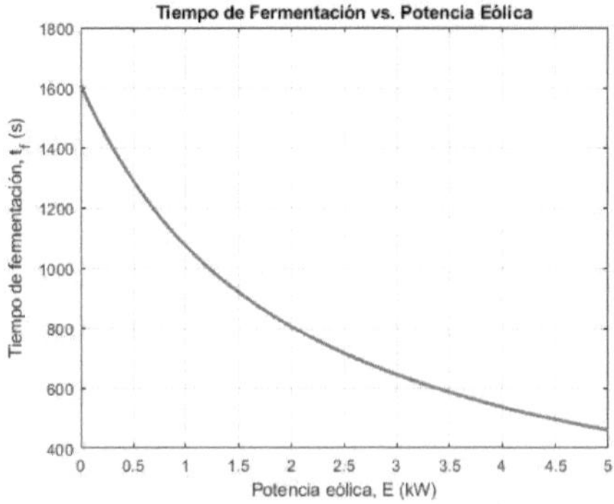

Figura 2: Tiempo de fermentación t_f (s) versus Potencia eólica E (kW).

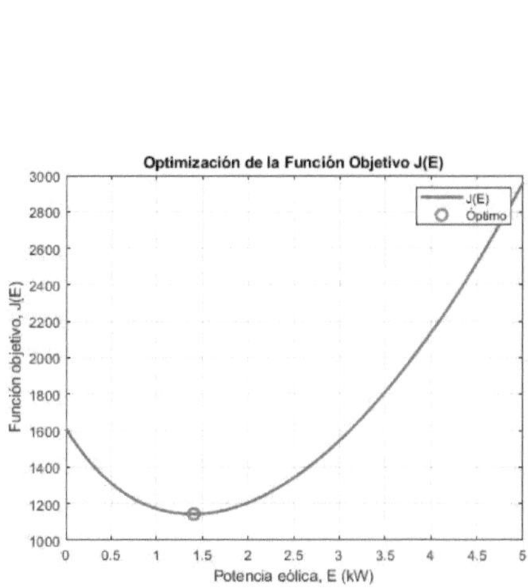

Figura 3: Función objetivo $J(E)$ versus Potencia eólica E (kW) con el óptimo señalado.

4. Desarrollo de un sistema de destilación alimentado con energía geotérmica

La destilación es un proceso de separación de mezclas basado en la diferencia de volatilidad de sus componentes. En una columna de destilación, se establece un equilibrio entre la fase vapor y la líquida a lo largo de una serie de etapas (o platos teóricos). Para el diseño se pueden emplear métodos como el de Fenske para determinar el número mínimo de etapas requeridas en condiciones de reflujo total, y los métodos de Underwood y Gilliland para condiciones operativas reales.

En el presente caso, la fuente de calor para el reboiler es geotérmica, lo que implica aprovechar energía térmica proveniente de fuentes naturales (por ejemplo, aguas a alta temperatura) para generar el vapor necesario en el proceso. Esto puede mejorar la sostenibilidad del proceso al reducir el consumo de combustibles fósiles.

Se consideran dos aspectos fundamentales:

- **Diseño de la columna:** A partir de una separación binaria, el número mínimo de etapas teóricas ($N_{\min}$) se calcula mediante la ecuación de Fenske:

  $$N_{\min} = \frac{\ln\left(\frac{x_D/(1-x_D)}{x_B/(1-x_B)}\right)}{\ln \alpha},$$

  donde x_D y x_B son las fracciones molares deseadas en el destilado y el residuo, respectivamente, y α es la volatilidad relativa del compuesto más volátil respecto al menos volátil.

- **Balance Energético en el Reboiler:** La energía requerida (Q_{req}) para generar vapor se estima como:

  $$Q_{\text{req}} = D \cdot \Delta H_v,$$

donde D es la tasa de destilado (kmol/h) y ΔH_v es la entalpía de vaporización (kJ/kmol). La energía geotérmica disponible (Q_{geo}) debe ser igual o superior a Q_{req} para que el proceso sea viable.

Enunciado del Problema

Se tiene una mezcla binaria de componentes A (más volátil) y B (menos volátil) con las siguientes especificaciones:

- Composición de la alimentación: $x_F = 0{,}50$ en A.
- Destilado deseado: $x_D = 0{,}95$ en A.
- Residuo deseado: $x_B = 0{,}05$ en A.
- Volatilidad relativa: $\alpha = 2{,}5$.
- Flujo de alimentación: $F = 100\,\text{kmol/h}$.
- Entalpía de vaporización: $\Delta H_v = 35000\,\text{kJ/kmol}$.
- La fuente geotérmica suministra energía a una temperatura de 150°C y se desea verificar que su capacidad (Q_{geo}) sea suficiente para el proceso.

Se requiere:

1. Determinar el número mínimo de etapas teóricas (N_{min}) usando la ecuación de Fenske.
2. Calcular el caudal de destilado D y residuo B mediante balance de materia.
3. Estimar la energía requerida en el reboiler (Q_{req}) y compararla con una capacidad geotérmica dada.

Modelo Matemático y Resolución Manual

1. Número Mínimo de Etapas (Ecuación de Fenske)

La ecuación de Fenske es:

$$N_{\min} = \frac{\ln\left(\frac{x_D/(1-x_D)}{x_B/(1-x_B)}\right)}{\ln\alpha}.$$

Con $x_D = 0{,}95$ y $x_B = 0{,}05$:

$$\frac{x_D}{1-x_D} = \frac{0{,}95}{0{,}05} = 19, \qquad \frac{x_B}{1-x_B} = \frac{0{,}05}{0{,}95} \approx 0{,}0526.$$

Entonces,

$$N_{\min} = \frac{\ln\left(\frac{19}{0{,}0526}\right)}{\ln(2{,}5)} = \frac{\ln(361{,}2)}{\ln(2{,}5)} \approx \frac{5{,}888}{0{,}9163} \approx 6{,}42.$$

Se requiere, por lo tanto, un mínimo de 7 etapas teóricas.

2. Balance de Materia: Cálculo de D y B

El balance global de materia es:

$$F = D + B.$$

El balance de componente A:

$$x_F F = x_D D + x_B B.$$

Con $F = 100\,\text{kmol/h}$, $x_F = 0{,}50$, $x_D = 0{,}95$ y $x_B = 0{,}05$, se tiene:

$$0{,}50 \times 100 = 0{,}95\,D + 0{,}05\,(100 - D).$$

Resolviendo:

$$50 = 0{,}95D + 5 - 0{,}05D \quad \Rightarrow \quad 50 = 0{,}90D + 5,$$

$$0{,}90D = 45 \quad \Rightarrow \quad D = 50\,\text{kmol/h},$$

y

$$B = 100 - 50 = 50\,\text{kmol/h}.$$

3. Balance Energético en el Reboiler

La energía requerida para vaporizar el destilado es:

$$Q_{\text{req}} = D \cdot \Delta H_v.$$

Con $D = 50\,\text{kmol/h}$ y $\Delta H_v = 35000\,\text{kJ/kmol}$:

$$Q_{\text{req}} = 50 \times 35000 = 1,750,000\,\text{kJ/h}.$$

Para comparar en kW, se divide entre 3600 (según la conversión $1\,\text{kW} = 3600\,\text{kJ/h}$):

$$Q_{\text{req}} \approx \frac{1,750,000}{3600} \approx 486{,}1\,\text{kW}.$$

Se debe verificar que la capacidad de la fuente geotérmica Q_{geo} sea mayor o igual a 486.1 kW para garantizar el funcionamiento del sistema.

Código en Matlab

El siguiente código en Matlab calcula el número mínimo de etapas, el caudal de destilado y la energía requerida. Además, se realiza un análisis paramétrico del requerimiento energético en función del flujo de alimentación F.

Listing 3: Código Matlab para el diseño del sistema de destilación

```
%% Parámetros del problema
xF = 0.50;          % Fracción molar de A en la
    alimentación
xD = 0.95;          % Fracción molar de A en el
    destilado
```

```
xB = 0.05;          % Fracción molar de A en el residuo
alpha = 2.5;        % Volatilidad relativa
F = 100;            % Flujo de alimentación [kmol/h]
DeltaHv = 35000; % Entalpía de vaporización [kJ/kmol]

%% 1. Cálculo del número mínimo de etapas (Ecuación de Fenske)
ratio_D = xD/(1-xD);
ratio_B = xB/(1-xB);
Nmin = log(ratio_D/ratio_B) / log(alpha);
fprintf('Número mínimo de etapas teóricas = %.2f\n', Nmin);

%% 2. Balance de materia: Cálculo de destilado (D) y residuo (B)
D = F*(xF - xB)/(xD - xB);
B = F - D;
fprintf('Caudal de destilado D = %.2f kmol/h\n', D);
fprintf('Caudal de residuo B = %.2f kmol/h\n', B);

%% 3. Cálculo del requerimiento energético en el reboiler
Q_req = D * DeltaHv;  % [kJ/h]
Q_req_kW = Q_req / 3600; % Conversión a kW
fprintf('Requerimiento energético Q_req = %.2f kW\n', Q_req_kW);

%% Análisis paramétrico: Variación de Q_req en función del flujo de alimentación F
F_values = linspace(50, 200, 200); % Rango de F [kmol/h]
D_values = (F_values.*(xF - xB))/(xD - xB);
Q_req_values = (D_values * DeltaHv) / 3600;   % kW

figure;
plot(F_values, Q_req_values, 'LineWidth',2);
xlabel('Flujo de alimentación F (kmol/h)');
ylabel('Requerimiento energético Q_{req} (kW)');
title('Q_{req} vs. Flujo de Alimentación F');
grid on;
```

Gráficas Resultantes

Al ejecutar el código Matlab se obtiene la siguiente gráfica, que muestra la variación del requerimiento energético Q_{req} (en kW) en función del flujo de alimentación F.

Nota: Para visualizar la gráfica, ejecute el código Matlab proporcionado. La imagen `Qreq_vs_F.png` corresponde a la gráfica generada por Matlab.

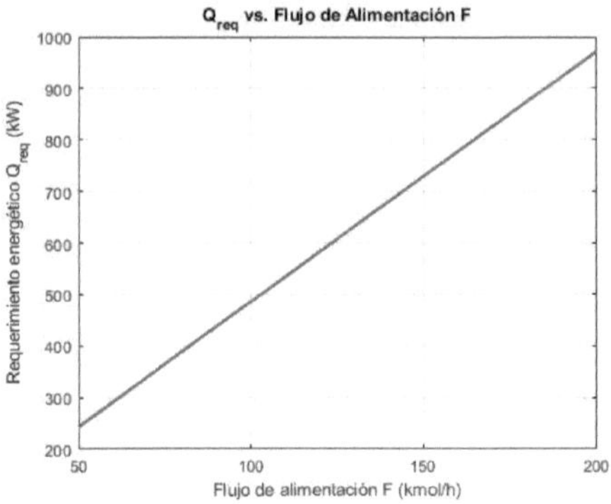

Figura 4: Requerimiento energético Q_{req} (kW) vs. Flujo de Alimentación F (kmol/h).

5. Implementación de paneles solares térmicos para la recuperación de calor en procesos químicos

Los paneles solares térmicos son dispositivos que capturan la radiación solar para convertirla en energía térmica. Esta energía se utiliza para calentar fluidos, los cuales pueden ser empleados en diversos procesos industriales, como la recuperación de calor en procesos químicos. La energía capturada depende principalmente de la irradiancia solar (I, en $\mathrm{W/m^2}$), el área de captación (A, en $\mathrm{m^2}$) y la eficiencia de conversión del panel (η). La energía térmica disponible ($Q_{\text{disponible}}$) se puede expresar como:

$$Q_{\text{disponible}} = A \cdot I \cdot \eta,$$

siendo $Q_{\text{disponible}}$ en W. Para dimensionar un sistema de recuperación de calor es necesario que la energía suministrada por los paneles sea igual o mayor a la demanda del proceso (Q_{req}).

Enunciado del Problema

Se desea implementar un sistema de paneles solares térmicos para recuperar calor en un proceso químico que requiere un aporte térmico de Q_{req} [kW]. Se consideran los siguientes parámetros:

- Irradiancia solar promedio: I [$\mathrm{W/m^2}$].
- Eficiencia de conversión del panel: η (adimensional).
- La energía suministrada por los paneles debe ser al menos igual a Q_{req} (convertida a W).

El objetivo es determinar el área A (en $\mathrm{m^2}$) requerida para satisfacer el requerimiento térmico, usando la relación:

$$A = \frac{Q_{\text{req}} \cdot 1000}{I \cdot \eta},$$

donde se multiplica Q_{req} por 1000 para convertir kW a W.

Modelo Matemático y Resolución Manual

Dada la ecuación:

$$Q_{\text{disponible}} = A \cdot I \cdot \eta,$$

y el requerimiento:

$$Q_{\text{disponible}} \geq Q_{\text{req}} \cdot 1000 \quad (\text{W}),$$

despejamos A:

$$A = \frac{Q_{\text{req}} \cdot 1000}{I \cdot \eta}.$$

Ejemplo Numérico

Supongamos:

- $Q_{\text{req}} = 500$ kW.
- $I = 800$ W/m^2.
- $\eta = 0{,}40$ (40 % de eficiencia).

Sustituyendo en la ecuación:

$$A = \frac{500 \times 1000}{800 \times 0{,}40} = \frac{500\,000}{320} \approx 1562{,}5\,\text{m}^2.$$

Por lo tanto, se requiere un área de aproximadamente 1562.5 m^2 de paneles solares térmicos para cubrir la demanda de calor.

Código en Matlab

El siguiente código en Matlab calcula el área requerida en función del requerimiento térmico y realiza un análisis paramétrico variando Q_{req}.

Listing 4: Código Matlab para la implementación de paneles solares térmicos

```
% Parámetros del problema
Q_req = 500;            % Requerimiento térmico en kW
I = 800;                % Irradiancia solar [W/m^2]
eta = 0.40;             % Eficiencia de los paneles (40%)

% Cálculo del área requerida (en m^2)
A_required = (Q_req * 1000) / (I * eta);
fprintf('Área requerida = %.2f m^2\n', A_required);

% Análisis paramétrico: variación del área requerida en función de Q_req
Q_req_values = linspace(100, 1000, 200);  % Rango de requerimientos térmicos [kW]
A_values = (Q_req_values * 1000) ./ (I * eta);

figure;
plot(Q_req_values, A_values, 'LineWidth',2);
xlabel('Requerimiento térmico Q_{req} (kW)');
ylabel('Área requerida A (m^2)');
title('Área requerida vs. Requerimiento térmico');
grid on;
```

Gráficas Resultantes

Al ejecutar el código Matlab se obtiene la siguiente gráfica, que muestra la variación del área requerida en función del requerimiento térmico Q_{req}.

Nota: Para visualizar la gráfica, ejecute el código Matlab proporcionado, el cual generará el archivo de imagen `A_vs_Qreq.p`

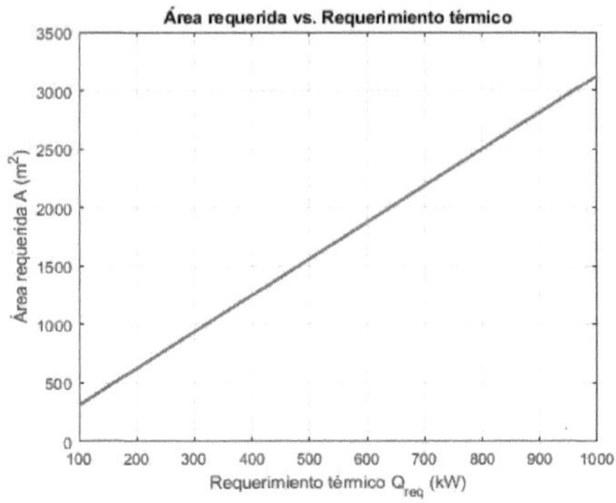

Figura 5: Área requerida A (m^2) versus Requerimiento térmico Q_{req} (kW).

6. Estudio del efecto de la radiación solar en la fotocatálisis de contaminantes orgánicos

La fotocatálisis es un proceso en el cual la luz, generalmente proveniente de la radiación solar, activa un catalizador (por ejemplo, TiO_2) para generar especies reactivas capaces de degradar contaminantes orgánicos. La cinética de degradación en muchos casos se modela como un proceso de orden uno, es decir:

$$\frac{dC}{dt} = -k\,C,$$

donde $C(t)$ es la concentración del contaminante y k es la constante de velocidad, la cual puede depender de la intensidad de la radiación solar (I). Una formulación simple para incluir el efecto de la radiación es:

$$k = k_0 + \beta\,I,$$

donde k_0 es la constante base (sin aporte solar) y β es un coeficiente que relaciona el incremento de la cinética con la irradiancia solar.

Integrando la ecuación diferencial se obtiene:

$$C(t) = C_0 \exp\Big[-(k_0 + \beta I)t\Big],$$

donde C_0 es la concentración inicial. Si se desea alcanzar un cierto porcentaje de degradación (por ejemplo, reducir la concentración al 10 % del valor inicial), se tiene:

$$C(t_f) = 0{,}1\,C_0 \quad \Rightarrow \quad t_f = \frac{\ln(10)}{k_0 + \beta I}.$$

Enunciado del Problema

Se desea estudiar el efecto de la radiación solar en la fotocatálisis de contaminantes orgánicos. Para ello se considera un reactor fotocatalítico en el cual la cinética de degradación del contaminante se rige por:

$$\frac{dC}{dt} = -(k_0 + \beta I)C,$$

con concentración inicial C_0. Se requiere:

1. Determinar el tiempo de degradación t_f necesario para reducir la concentración al 10 % de C_0 en función de la irradiancia I.

2. Realizar un análisis paramétrico del tiempo de degradación en función de I.

Modelo Matemático y Resolución Manual

Integrando la ecuación diferencial se obtiene:

$$\int_{C_0}^{C(t)} \frac{dC}{C} = -\int_0^t (k_0 + \beta I)dt,$$

lo que resulta en:

$$\ln\left(\frac{C(t)}{C_0}\right) = -(k_0 + \beta I)t.$$

Para alcanzar $C(t_f) = 0{,}1\,C_0$, se tiene:

$$\ln(0{,}1) = -(k_0 + \beta I)t_f \quad \Rightarrow \quad t_f = \frac{\ln(10)}{k_0 + \beta I},$$

donde se ha usado que $\ln(0{,}1) = -\ln(10)$.

Ejemplo Numérico

Se toman los siguientes parámetros:

- $k_0 = 0{,}001\,\mathrm{s}^{-1}$ (cinética base).
- $\beta = 1 \times 10^{-6}\,\mathrm{s}^{-1}$ / $(\mathrm{W/m^2})$.
- Rango de irradiancia: I entre 100 y 1000 $\mathrm{W/m^2}$.

Para $I = 800\ \mathrm{W/m^2}$:

$$k = k_0 + \beta I = 0{,}001 + 1 \times 10^{-6} \times 800 = 0{,}0018\,\mathrm{s}^{-1},$$

y el tiempo requerido es:

$$t_f = \frac{\ln(10)}{0{,}0018} \approx \frac{2{,}3026}{0{,}0018} \approx 1279\,\mathrm{s} \quad (\sim 21{,}3\,\mathrm{min}).$$

Código en Matlab

A continuación se muestra un código en Matlab que calcula el tiempo de degradación t_f en función de la irradiancia I y realiza un análisis paramétrico.

Listing 5: Código Matlab para el estudio de fotocatálisis

```
% Parámetros del problema
k0 = 0.001;                 % constante base [s^-1]
beta = 1e-6;                % coeficiente [s^-1/(W/m^2)]
ln10 = log(10);             % ln(10) ~ 2.3026

% Rango de irradiancia I [W/m^2]
I_values = linspace(100, 1000, 200);

% Cálculo del tiempo de degradación t_f para cada
    valor de I
t_f = ln10 ./ (k0 + beta .* I_values);

% Mostrar tiempo de degradación para I = 800 W/m^2
I_sample = 800;
t_sample = ln10 / (k0 + beta * I_sample);
fprintf('Para I = %d W/m^2, t_f = %.2f s\n',
    I_sample, t_sample);

% Gráfica de t_f vs. I
figure;
```

```
plot(I_values, t_f, 'LineWidth',2);
xlabel('Irradiancia I (W/m^2)');
ylabel('Tiempo de degradación t_f (s)');
title('Tiempo de degradación vs. Irradiancia Solar');
grid on;

% Adicional: Gráfica de concentración vs. tiempo para diferentes I
t = linspace(0, 3000, 500); % tiempo [s]
I_set = [200, 500, 800];      % diferentes valores de irradiancia
figure;
hold on;
for i = 1:length(I_set)
    k = k0 + beta * I_set(i);
    C = exp(-k*t);  % Se asume C0 = 1 para normalizar
    plot(t, C, 'LineWidth',2, 'DisplayName', sprintf('I = %d W/m^2', I_set(i)));
end
xlabel('Tiempo t (s)');
ylabel('Concentración normalizada C/C_0');
title('Degradación del contaminante para distintos niveles de irradiancia');
legend;
grid on;
```

Gráficas Resultantes

El código Matlab genera dos gráficas:

1. **Tiempo de degradación t_f vs. Irradiancia I:** Muestra cómo disminuye el tiempo requerido para alcanzar el 10 % de la concentración inicial al aumentar la irradiancia.

2. **Concentración vs. Tiempo:** Para distintos valores de irradiancia, se observa la curva de degradación del contaminante.

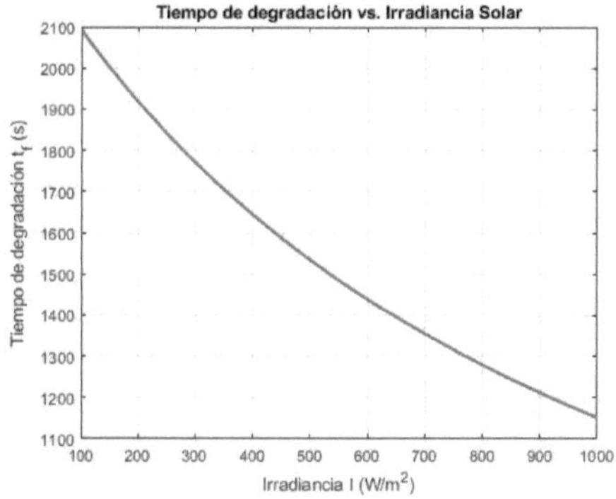

Figura 6: Tiempo de degradación t_f (s) vs. Irradiancia I (W/m^2).

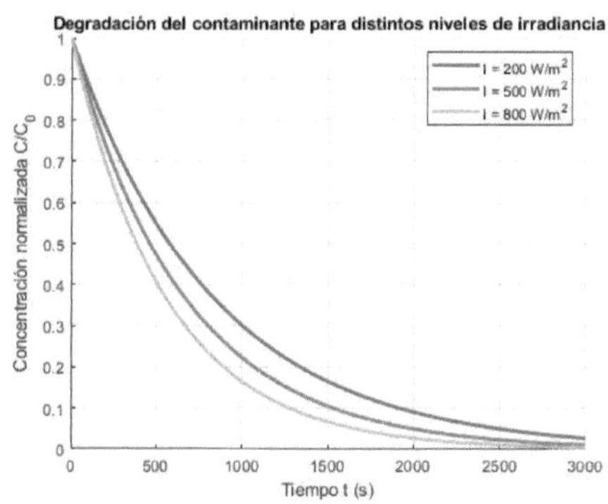

Figura 7: Concentración normalizada C/C_0 vs. Tiempo t (s) para diferentes niveles de irradiancia.

Nota: Para visualizar las gráficas, ejecute el código Matlab proporcionado. Las imágenes `tf_vs_I.png` y `C_vs_t.png` corresponden a las gráficas generadas por Matlab.

Diseño de un proceso de bioconversión de residuos agrícolas utilizando energía renovable

La bioconversión de residuos agrícolas es un proceso en el cual se transforma la materia orgánica (por ejemplo, paja, bagazo, cáscaras) en productos de valor agregado, tales como bioetanol o biogás. Estos procesos pueden involucrar etapas enzimáticas o fermentativas, y su eficiencia depende en gran medida de la cinética de reacción y del control de las condiciones operativas, en particular la temperatura.

La cinética de conversión se puede modelar mediante una reacción de orden uno:

$$\frac{dS}{dt} = -k_{\text{eff}}\, S,$$

cuyas soluciones tienen la forma:

$$S(t) = S_0 \exp(-k_{\text{eff}}\, t),$$

donde $S(t)$ es la concentración del sustrato en el tiempo t y S_0 es la concentración inicial.

El coeficiente cinético efectivo (k_{eff}) es dependiente de la temperatura, lo que puede expresarse mediante una relación tipo Arrhenius:

$$k_{\text{eff}} = k_0 \exp\left(-\frac{E_a}{RT}\right),$$

donde:

- k_0 es la constante pre-exponencial.
- E_a es la energía de activación.
- R es la constante de los gases (8.314 J/mol·K).
- T es la temperatura absoluta (K).

Para optimizar el proceso, es fundamental mantener una temperatura óptima en el reactor. La integración de energía renovable, por ejemplo mediante paneles solares térmicos, permite suministrar la energía necesaria para elevar la temperatura del reactor desde la temperatura ambiente T_a hasta la temperatura de operación T_{target}. El requerimiento energético para elevar la temperatura de una masa m (en kg) con capacidad calorífica c_p (kJ/kg·K) es:

$$Q = m\, c_p\, (T_{\text{target}} - T_a).$$

Además, el área requerida de los paneles solares se puede determinar a partir de la energía disponible por unidad de área. Si la irradiancia solar es I (W/m^2), la eficiencia del sistema es η y el tiempo efectivo de captación es t_{eff} (en s), la energía disponible por m^2 es:

$$Q_{\text{disp}} = I\, \eta\, t_{\text{eff}} \quad (\text{en J/m}^2).$$

Así, el área requerida es:

$$A_{\text{solar}} = \frac{Q}{Q_{\text{disp}}}.$$

Enunciado del Problema

Se desea diseñar un proceso de bioconversión de residuos agrícolas para producir, por ejemplo, bioetanol. El proceso se modela mediante una cinética de primer orden:

$$S(t) = S_0 \exp(-k_{\text{eff}}\, t) \quad \text{con } k_{\text{eff}} = k_0 \exp\left(-\frac{E_a}{RT}\right),$$

y se requiere alcanzar una conversión del 90 % del sustrato (i.e. $S(t_f) = 0{,}1\, S_0$) en un tiempo de operación t_f deseado (por ejemplo, 10 horas). Para lograr la cinética requerida, el reactor debe operar a una temperatura T_{target} que se obtiene de:

$$t_f = \frac{\ln(10)}{k_0 \exp\left(-\frac{E_a}{RT_{\text{target}}}\right)}.$$

Además, se utilizará un sistema de paneles solares térmicos para elevar la temperatura del reactor desde T_a (temperatura ambiente) hasta T_{target}. Se deben determinar:

1. La temperatura de operación T_{target} requerida para alcanzar el 90 % de conversión en el tiempo t_f.

2. El requerimiento energético Q para calentar el reactor.

3. El área de paneles solares A_{solar} necesaria para suministrar dicha energía, considerando una irradiancia I, eficiencia η y tiempo efectivo t_{eff}.

7. Modelo Matemático y Resolución Manual

1. Determinación de T_{target}

Para alcanzar $S(t_f) = 0{,}1\, S_0$, se tiene:

$$\ln\left(\frac{S(t_f)}{S_0}\right) = -k_{\text{eff}}\, t_f \quad \Rightarrow \quad \ln(0{,}1) = -k_{\text{eff}}\, t_f.$$

De donde:

$$k_{\text{eff}} = \frac{\ln(10)}{t_f}.$$

Pero, por la relación de Arrhenius:

$$k_{\text{eff}} = k_0 \exp\left(-\frac{E_a}{R\, T_{\text{target}}}\right).$$

Igualando ambas expresiones:

$$k_0 \exp\left(-\frac{E_a}{R\, T_{\text{target}}}\right) = \frac{\ln(10)}{t_f}.$$

Despejando:

$$\exp\left(-\frac{E_a}{R\,T_{\text{target}}}\right) = \frac{\ln(10)}{k_0\,t_f},$$

$$-\frac{E_a}{R\,T_{\text{target}}} = \ln\left(\frac{\ln(10)}{k_0\,t_f}\right),$$

$$T_{\text{target}} = -\frac{E_a}{R\,\ln\left(\frac{\ln(10)}{k_0\,t_f}\right)}.$$

Ejemplo Numérico

Se suponen los siguientes parámetros:

- Tiempo de operación deseado: $t_f = 10\,\text{horas} = 36000\,\text{s}$.
- $k_0 = 0{,}1\,\text{s}^{-1}$.
- $E_a = 20000\,\text{J/mol}$.
- $R = 8{,}314\,\text{J/mol·K}$.
- Temperatura ambiente: $T_a = 293\,\text{K}$ (20°C).

Calculemos primero k_{eff}:

$$k_{\text{eff}} = \frac{\ln(10)}{36000} \approx \frac{2{,}3026}{36000} \approx 6{,}4 \times 10^{-5}\,\text{s}^{-1}.$$

Luego, se tiene:

$$\exp\left(-\frac{20000}{8{,}314\,T_{\text{target}}}\right) = \frac{2{,}3026}{0{,}1 \times 36000} \approx \frac{2{,}3026}{3600} \approx 6{,}4{\times}10^{-4}.$$

Tomando logaritmo:

$$-\frac{20000}{8{,}314\,T_{\text{target}}} = \ln(6{,}4 \times 10^{-4}) \approx -7{,}355,$$

de donde:

$$T_{\text{target}} = \frac{20000}{8{,}314 \times 7{,}355} \approx \frac{20000}{61{,}2} \approx 326{,}8\,\text{K} \quad (53{,}8°\text{C}).$$

2. Cálculo del Requerimiento Energético Q

El calor necesario para elevar la temperatura de los contenidos del reactor es:

$$Q = m\, c_p\, (T_{\text{target}} - T_a).$$

Suponiendo:

- $m = 1000\,\text{kg}$ (volumen aproximado de $1\ \text{m}^3$ de medio acuoso).
- $c_p = 4{,}18\,\text{kJ/kg·K}$.

Entonces:

$$\Delta T = 326{,}8 - 293 = 33{,}8\,\text{K},$$

$$Q = 1000 \times 4{,}18 \times 33{,}8 \approx 141284\,\text{kJ}.$$

3. Diseño del Sistema Solar Térmico

Sea:

- Irradiancia solar: $I = 800\,\text{W/m}^2$. Convertimos: $800\,\text{W/m}^2 = 0{,}8\,\text{kJ/(m}^2 \cdot \text{s)}$.
- Eficiencia del sistema solar: $\eta = 0{,}5$.
- Tiempo efectivo de captación diario: $t_{\text{eff}} = 5\,\text{horas} = 18000\,\text{s}$.

La energía disponible por unidad de área es:

$$Q_{\text{disp}} = I\,\eta\,t_{\text{eff}} = 0{,}8 \times 0{,}5 \times 18000 \approx 7200\,\text{kJ/m}^2.$$

Por lo tanto, el área requerida es:

$$A_{\text{solar}} = \frac{Q}{Q_{\text{disp}}} = \frac{141284}{7200} \approx 19{,}6\,\text{m}^2.$$

Código en Matlab

El siguiente código en Matlab calcula la temperatura de operación T_{target} requerida, el calor Q y el área de paneles solares A_{solar}. Además, se realiza un análisis paramétrico variando t_f.

Listing 6: Código Matlab para el diseño del proceso de bioconversión

```
%% Parámetros
% Cinética y termodinámica
t_f = 36000;              % Tiempo de operación deseado [s] (10 horas)
k0 = 0.1;                 % Constante pre-exponencial [s^-1]
Ea = 20000;               % Energía de activación [J/mol]
R = 8.314;                % Constante de los gases [J/mol K]

% Cálculo de k_eff requerido para 90% de conversión (S(t_f)=0.1 S0)
k_eff = log(10)/t_f; % [s^-1]

% Determinación de T_target usando: k_eff = k0*exp(-Ea/(R*T_target))
T_target = -Ea/(R*log(k_eff/k0));
fprintf('Temperatura de operación T_target = %.2f K\n', T_target);

%% Cálculo del requerimiento energético para calentar el reactor
m = 1000;                 % Masa de reactor [kg]
cp = 4.18;                % Capacidad calorífica [kJ/kg K]
Ta = 293;                 % Temperatura ambiente [K]
DeltaT = T_target - Ta;
Q = m * cp * DeltaT; % Energía requerida [kJ]
fprintf('Energía requerida Q = %.2f kJ\n', Q);

%% Diseño del sistema solar térmico
I = 800;                  % Irradiancia [W/m^2] = 0.8 kJ/(m^2 s )
eta = 0.5;                % Eficiencia del sistema
```

```
    solar
t_eff = 5 * 3600;      % Tiempo efectivo de captación [s] (5 horas)
Q_disp = 0.8 * eta * t_eff; % Energía disponible por m^2 [kJ/m^2]
A_solar = Q / Q_disp;          % Área requerida [m^2]
fprintf('Área requerida de paneles solares A_solar = %.2f m^2\n', A_solar);

%% Análisis paramétrico: Variación de T_target y A_solar en función de t_f
t_f_values = linspace(18000, 72000, 200); % de 5 a 20 horas
T_target_values = -Ea./(R*log((log(10)./t_f_values)/k0));
DeltaT_values = T_target_values - Ta;
Q_values = m * cp .* DeltaT_values;
A_solar_values = Q_values ./ (0.8 * eta * t_eff);

figure;
plot(t_f_values/3600, T_target_values, 'LineWidth',2);
xlabel('Tiempo de operación t_f (horas)');
ylabel('Temperatura de operación T_{target} (K)');
title('T_{target} vs. t_f');
grid on;

figure;
plot(t_f_values/3600, A_solar_values, 'LineWidth',2);
xlabel('Tiempo de operación t_f (horas)');
ylabel('Área de paneles solares A_{solar} (m^2)');
title('A_{solar} vs. t_f');
grid on;
```

Gráficas Resultantes

Al ejecutar el código Matlab se generan dos gráficas:

1. **Temperatura de operación $T_{\mathbf{target}}$ vs. Tiempo de operación t_f:** Se observa cómo varía la temperatura requerida para alcanzar el 90 % de conversión en función del tiempo de operación.

2. **Área de paneles solares A_{solar} vs. Tiempo de operación t_f:** Se analiza la variación del área requerida en función del tiempo de operación.

Nota: Para visualizar las gráficas, ejecute el código Matlab proporcionado. Las imágenes `Ttarget_vs_tf.png` y `Asolar_v`
corresponden a las gráficas generadas por Matlab.

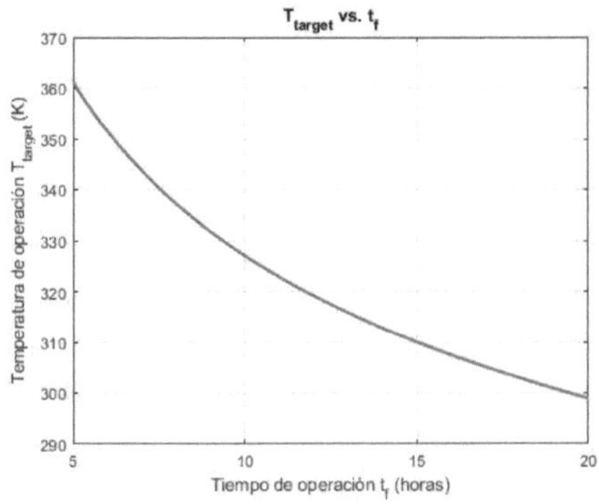

Figura 8: Temperatura de operación T_{target} (K) vs. Tiempo de operación t_f (horas).

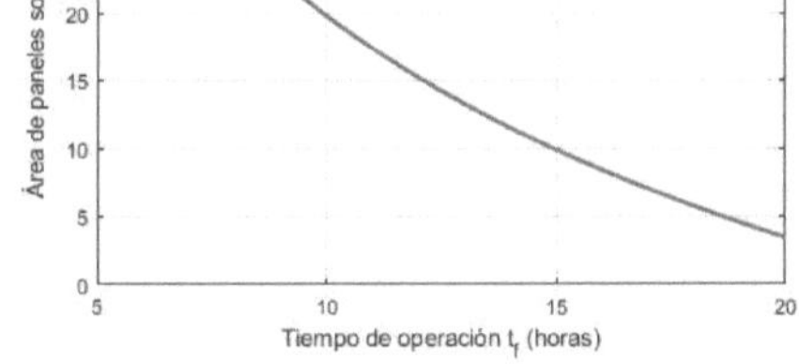

Figura 9: Área requerida de paneles solares A_{solar} (m^2) vs. Tiempo de operación t_f (horas).

8. Integración de sistemas eólicos para la generación de vapor en plantas químicas

La generación de vapor es un proceso fundamental en muchas plantas químicas y requiere de un aporte energético considerable. Una alternativa renovable para suministrar dicha energía es la integración de sistemas eólicos, que aprovechan la energía cinética del viento para generar electricidad o energía mecánica, la cual puede ser utilizada para alimentar calderas o sistemas de generación de vapor.

La potencia extraída de un viento con velocidad V se puede estimar mediante:

$$P_{\text{wind}} = \frac{1}{2} \rho \, A \, V^3 \, C_p,$$

donde:

- ρ es la densidad del aire (aproximadamente 1.225 kg/m^3 a nivel del mar).
- A es el área de barrido del rotor (m^2).
- V es la velocidad del viento (m/s).
- C_p es el coeficiente de potencia (típicamente entre 0.3 y 0.5, se usará 0.4 en este ejemplo).

Esta potencia, luego de considerar la eficiencia de conversión del sistema (por ejemplo, la eficiencia de la caldera o del sistema de conversión a vapor, η_{boiler}), se utiliza para generar vapor. La cantidad de vapor producido se relaciona con la energía necesaria para vaporizar el agua, dada por el calor latente de vaporización h_{fg} (aproximadamente 2,257,000 J/kg a 100°C). Así, la tasa de generación de vapor ($\dot{m}_{\text{steam}}$, en kg/s) se puede calcular como:

$$\dot{m}_{\text{steam}} = \frac{P_{\text{conv}}}{h_{fg}} = \frac{P_{\text{wind}} \cdot \eta_{\text{boiler}}}{h_{fg}},$$

donde P_{conv} es la potencia efectiva utilizada para la generación de vapor.

Para dimensionar el sistema, se puede determinar el área de rotor A necesaria para alcanzar un requerimiento de vapor $\dot{m}_{\text{req}}$.

Enunciado del Problema

Una planta química requiere generar vapor a una tasa de $\dot{m}_{\text{req}}$ (en kg/s) para sus procesos. Se propone integrar un sistema eólico que aporte la energía necesaria para producir dicho vapor. Se conocen los siguientes parámetros:

- Tasa de vapor requerida: $\dot{m}_{\text{req}}$ (kg/s).
- Velocidad media del viento: V (m/s).
- Densidad del aire: $\rho = 1{,}225$ kg/m^3.
- Coeficiente de potencia: $C_p = 0{,}4$.
- Eficiencia del sistema de conversión (caldera): η_{boiler}.
- Calor latente de vaporización: $h_{fg} = 2,257,000$ J/kg.

El objetivo es:

1. Determinar el área de barrido del rotor A requerida para que la potencia generada permita alcanzar la tasa de vapor $\dot{m}_{\text{req}}$.
2. Realizar un análisis paramétrico del efecto de la velocidad del viento V sobre la tasa de generación de vapor.

Modelo Matemático y Resolución Manual

La potencia extraída del viento es:

$$P_{\text{wind}} = \frac{1}{2}\,\rho\,A\,V^3\,C_p.$$

La potencia efectiva para generación de vapor, considerando la eficiencia de la caldera, es:

$$P_{\text{conv}} = P_{\text{wind}} \cdot \eta_{\text{boiler}}.$$

La tasa de generación de vapor se obtiene como:

$$\dot{m}_{\text{steam}} = \frac{P_{\text{conv}}}{h_{fg}} = \frac{1}{2}\,\frac{\rho\,A\,V^3\,C_p\,\eta_{\text{boiler}}}{h_{fg}}.$$

Para satisfacer el requerimiento $\dot{m}_{\text{req}}$, se impone:

$$\dot{m}_{\text{req}} = \frac{1}{2}\,\frac{\rho\,A\,V^3\,C_p\,\eta_{\text{boiler}}}{h_{fg}}.$$

Despejando el área A:

$$A = \frac{2\,\dot{m}_{\text{req}}\,h_{fg}}{\rho\,V^3\,C_p\,\eta_{\text{boiler}}}.$$

Ejemplo Numérico

Supongamos los siguientes datos:

- Tasa de vapor requerida: $\dot{m}_{\text{req}} = 0{,}02$ kg/s.
- Velocidad del viento: $V = 12$ m/s.
- $\rho = 1{,}225$ kg/m^3.
- $C_p = 0{,}4$.
- $\eta_{\text{boiler}} = 0{,}9$.

- $h_{fg} = 2,257,000$ J/kg.

Sustituyendo en la ecuación:

$$A = \frac{2 \times 0{,}02 \times 2\,257\,000}{1{,}225 \times 12^3 \times 0{,}4 \times 0{,}9}.$$

Calculamos paso a paso:

- $12^3 = 1728$.
- Producto en el denominador: $1{,}225 \times 1728 \approx 2116{,}8$.
- Multiplicando por $0{,}4 \times 0{,}9 = 0{,}36$, se tiene: $2116{,}8 \times 0{,}36 \approx 762{,}05$.
- Producto en el numerador: $2 \times 0{,}02 \times 2\,257\,000 = 90\,280$ J/s.

Así:

$$A = \frac{90\,280}{762{,}05} \approx 118{,}5\,\mathrm{m}^2.$$

Este valor indica el área de barrido del rotor requerida para generar la potencia necesaria que, al convertirse en vapor, alcanza la tasa de 0.02 kg/s.

Código en Matlab

El siguiente código en Matlab calcula la tasa de generación de vapor en función de la velocidad del viento y determina el área de rotor requerida para satisfacer un requerimiento dado. Se incluye además un análisis paramétrico de la tasa de vapor generada versus la velocidad del viento.

Listing 7: Código Matlab para el diseño del sistema eólico

```
%% Parámetros del problema
m_dot_req = 0.02;              % Tasa de vapor
    requerida [kg/s]
rho = 1.225;                   % Densidad del aire [kg
    /m^3]
```

```
Cp = 0.4;                      % Coeficiente de potencia
eta_boiler = 0.9;              % Eficiencia de conversión del sistema
h_fg = 2257000;                % Calor latente de vaporización [J/kg]

% Velocidad del viento (valor de referencia)
V_ref = 12;                    % [m/s]

% Cálculo del área requerida A para cumplir con m_dot_req
A_required = (2 * m_dot_req * h_fg) / (rho * V_ref^3 * Cp * eta_boiler);
fprintf('Área requerida del rotor para V = %.2f m/s: %.2f m^2\n', V_ref, A_required);

%% Análisis paramétrico: Variación de m_dot_steam con la velocidad del viento V
% Se calcula la tasa de vapor generada para un área de rotor fija (A_required)
V_values = linspace(6, 20, 200); % Rango de velocidades de viento [m/s]
P_wind = 0.5 * rho * A_required .* (V_values.^3) * Cp; % Potencia extraída [W]
P_conv = P_wind * eta_boiler; % Potencia convertida [W]
m_dot_steam = P_conv ./ h_fg; % Tasa de generación de vapor [kg/s]

figure;
plot(V_values, m_dot_steam, 'LineWidth',2);
xlabel('Velocidad del viento V (m/s)');
ylabel('Tasa de generación de vapor \dot{m}_{steam} (kg/s)');
title('Generación de vapor vs. Velocidad del viento');
grid on;
```

Gráficas Resultantes

Al ejecutar el código Matlab se obtiene:

1. Un mensaje en consola indicando el área de rotor re-

querida para $V = 12$ m/s.

2. Una gráfica que muestra la variación de la tasa de generación de vapor $\dot{m}_{steam}$ (en kg/s) en función de la velocidad del viento V (m/s) para el área calculada.

Nota: Para visualizar las gráficas, ejecute el código Matlab proporcionado, el cual generará la imagen `m_dot_vs_V.png`.

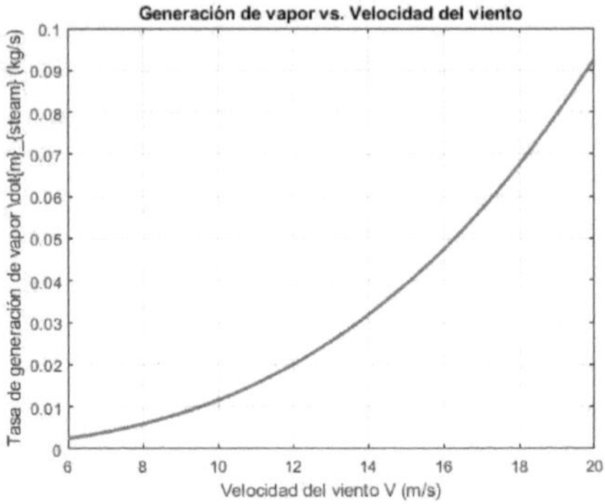

Figura 10: Tasa de generación de vapor $\dot{m}_{steam}$ (kg/s) vs. Velocidad del viento V (m/s).

Desarrollo de catalizadores activados por luz solar para reacciones de oxidación

La fotocatálisis es un proceso en el que la luz, generalmente proveniente del sol, activa un catalizador (por ejemplo, TiO_2) para generar pares electrón-hueco capaces de producir especies reactivas (como radicales hidroxilo) que oxidan compuestos orgánicos. Esta tecnología se ha aplicado en la degradación de contaminantes y en la síntesis de productos químicos mediante reacciones de oxidación.

La cinética de la oxidación en presencia de un catalizador activado por luz solar se puede modelar como un proceso pseudo-de primer orden:

$$\frac{dC}{dt} = -k_{\text{eff}}\, C,$$

donde C es la concentración del compuesto orgánico y k_{eff} es la constante de velocidad efectiva. Dado que la actividad del catalizador depende de la irradiancia solar I, se puede plantear que:

$$k_{\text{eff}} = k_0 + \gamma\, I,$$

donde:

- k_0 es la constante base (sin irradiación),
- γ es el coeficiente de mejora de la actividad catalítica en función de I (con unidades de $\mathrm{s}^{-1}/(\mathrm{W/m}^2)$).

Integrando la ecuación diferencial se obtiene:

$$C(t) = C_0 \exp\Big[-(k_0 + \gamma I)t\Big],$$

donde C_0 es la concentración inicial.

Si se desea alcanzar una conversión X (por ejemplo, 90 % de oxidación, lo que implica $C(t_f) = 0{,}1\, C_0$), se tiene:

$$0{,}1\, C_0 = C_0 \exp\Big[-(k_0 + \gamma I)t_f\Big],$$

de donde se despeja el tiempo requerido:

$$t_f = \frac{\ln(10)}{k_0 + \gamma I}.$$

Análisis de la viabilidad económica de procesos químicos alimentados con energías renovables

La integración de energías renovables (por ejemplo, solar, eólica o geotérmica) en procesos químicos permite reducir los costos operativos y disminuir la dependencia de combustibles fósiles. Para evaluar la viabilidad económica se utilizan indicadores financieros como el Valor Presente Neto (NPV, por sus siglas en inglés), la Tasa Interna de Retorno (IRR) o el período de recuperación de la inversión (payback period).

En un análisis simplificado, el NPV se puede calcular como:

$$\text{NPV} = -C_{\text{cap}} + \sum_{t=1}^{n} \frac{S}{(1+r)^t},$$

donde:

- C_{cap} es el costo de inversión inicial (capital).
- S es el ahorro o beneficio anual generado por el uso de energía renovable (por reducción de costos de energía, incentivos, etc.).
- r es la tasa de descuento (o tasa mínima de retorno requerida).
- n es el número de años del proyecto.

Utilizando la fórmula de suma de una progresión geométrica, se puede expresar el NPV de forma compacta:

$$\text{NPV} = -C_{\text{cap}} + S \cdot \frac{1-(1+r)^{-n}}{r}.$$

La inversión es económicamente viable si $\text{NPV} > 0$.

Enunciado del Problema

Se desea evaluar la viabilidad económica de un proceso químico alimentado con energía renovable, comparando la inversión inicial y los ahorros operativos generados en el mediano plazo. Se conocen los siguientes datos:

- Costo de inversión inicial: C_{cap} (en dólares).
- Ahorro anual por el uso de energía renovable: S (en dólares/año).
- Vida útil del proyecto: n años.
- Tasa de descuento: r (adimensional).

El objetivo es:

1. Calcular el Valor Presente Neto (NPV) del proyecto.
2. Realizar un análisis paramétrico del NPV en función de la tasa de descuento r y del ahorro anual S.

9. Modelo Matemático y Resolución Manual

La fórmula para el NPV es:

$$\text{NPV} = -C_{\text{cap}} + S \cdot \frac{1-(1+r)^{-n}}{r}.$$

Ejemplo Numérico

Se suponen los siguientes parámetros:

- $C_{\text{cap}} = \$1\,000\,000$.
- $S = \$200\,000$ por año.
- Vida útil $n = 20$ años.

- Tasa de descuento $r = 0{,}08$ (8 %).

Se calcula el factor de anualidad:

$$F = \frac{1-(1+0{,}08)^{-20}}{0{,}08}.$$

Calculando:

$$(1+0{,}08)^{20} \approx 4{,}66, \quad \Rightarrow \quad (1+0{,}08)^{-20} \approx \frac{1}{4{,}66} \approx 0{,}2146,$$

$$F = \frac{1-0{,}2146}{0{,}08} = \frac{0{,}7854}{0{,}08} \approx 9{,}8175.$$

Por lo tanto:

$$\text{NPV} = -1\,000\,000 + 200\,000 \times 9{,}8175 \approx -1\,000\,000 + 1\,963\,500 = 96$$

Al obtener un NPV positivo ($\approx$ \$963 500), el proyecto es económicamente viable.

Código en Matlab

El siguiente código en Matlab calcula el NPV para un conjunto de parámetros y realiza un análisis paramétrico variando la tasa de descuento r.

Listing 8: Código Matlab para el análisis de viabilidad económica

```
% Parámetros del problema
C_cap = 1e6;              % Costo de inversión inicial [USD]
S = 200e3;                % Ahorro anual [USD/año]
n = 20;                   % Vida útil del proyecto [años]

% Tasa de descuento de referencia
r_ref = 0.08;
F_ref = (1 - (1 + r_ref)^(-n)) / r_ref;
NPV_ref = -C_cap + S * F_ref;
```

```
fprintf('Con r = %.2f, NPV = $%.2f\n', r_ref, NPV_ref);

% Análisis paramétrico: Variación del NPV en función de r
r_values = linspace(0.05, 0.15, 200); % Rango de tasas de descuento
F_values = (1 - (1 + r_values).^(-n)) ./ r_values;
NPV_values = -C_cap + S * F_values;

figure;
plot(r_values, NPV_values, 'LineWidth',2);
xlabel('Tasa de descuento r');
ylabel('NPV (USD)');
title('NPV vs. Tasa de Descuento');
grid on;

% Análisis paramétrico: Variación del NPV en función del ahorro anual S
S_values = linspace(100e3, 300e3, 200); % Rango de ahorros anuales [USD]
NPV_S = -C_cap + S_values * F_ref;

figure;
plot(S_values, NPV_S, 'LineWidth',2);
xlabel('Ahorro anual S (USD/año)');
ylabel('NPV (USD)');
title('NPV vs. Ahorro Anual');
grid on;
```

Gráficas Resultantes

El código Matlab genera dos gráficas:

1. **NPV vs. Tasa de descuento:** Muestra la sensibilidad del NPV con respecto a cambios en la tasa de descuento r.

2. **NPV vs. Ahorro anual:** Ilustra cómo varía el NPV al modificar el ahorro anual S.

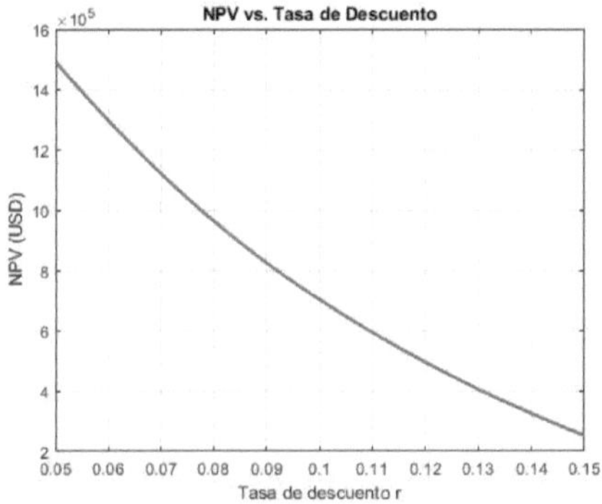

Figura 11: NPV (USD) vs. Tasa de descuento r.

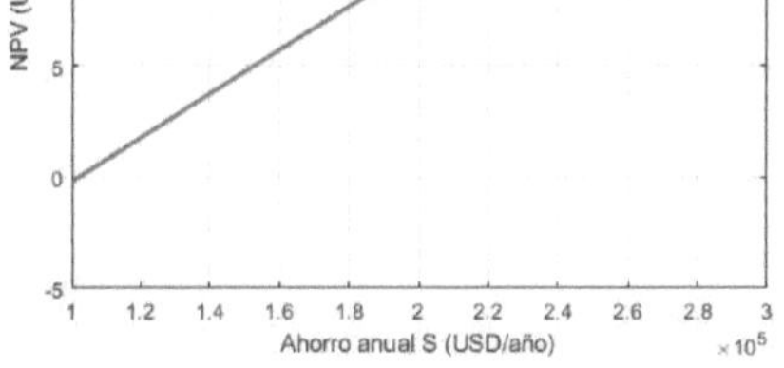

Figura 12: NPV (USD) vs. Ahorro anual S (USD/año).

Nota: Para visualizar las gráficas, ejecute el código Matlab proporcionado. Las imágenes `NPV_vs_r.png` y `NPV_vs_S.png` corresponden a las gráficas generadas por Matlab.

10. Diseño de intercambiadores de calor precalentados mediante energía solar

El precalentamiento de fluidos en procesos químicos permite reducir el consumo de energía convencional al elevar la temperatura del fluido de alimentación antes de que ingrese a la unidad de proceso. Esto se puede lograr mediante la integración de sistemas solares térmicos, los cuales capturan la radiación solar y la convierten en energía térmica.

La energía disponible por un colector solar se expresa como:

$$Q_{\text{disp}} = A_{\text{solar}}\, I\, \eta,$$

donde:

- A_{solar} es el área del colector solar (m^2),
- I es la irradiancia solar (W/m^2),
- η es la eficiencia de conversión del colector.

Por otra parte, la energía requerida para elevar la temperatura de un fluido es:

$$Q_{\text{req}} = \dot{m}\, c_p\, (T_{\text{pre}} - T_{\text{in}}),$$

donde:

- $\dot{m}$ es la tasa de flujo másico del fluido (kg/s),
- c_p es la capacidad calorífica del fluido (J/(kg·K)),
- T_{in} es la temperatura de entrada,
- T_{pre} es la temperatura deseada de precalentamiento.

Para dimensionar el sistema, se iguala la energía suministrada por los paneles solares a la requerida:

$$A_{\text{solar}}\, I\, \eta = \dot{m}\, c_p\, (T_{\text{pre}} - T_{\text{in}}).$$

Despejando el área requerida:

$$A_{\text{solar}} = \frac{\dot{m}\, c_p\, (T_{\text{pre}} - T_{\text{in}})}{I\, \eta}.$$

Enunciado del Problema

Se desea diseñar un intercambiador de calor que precaliente un fluido de alimentación mediante energía solar, reduciendo la carga térmica del sistema convencional. Los datos del proceso son:

- Tasa de flujo másico del fluido: $\dot{m}$ (kg/s).
- Capacidad calorífica: c_p (J/(kg·K)).
- Temperatura de entrada: T_{in} (K).
- Temperatura de precalentamiento deseada: T_{pre} (K).
- Irradiancia solar: I (W/m^2).
- Eficiencia del colector solar: η (adimensional).

El objetivo es determinar el área de colector solar A_{solar} necesaria para suministrar la energía requerida para elevar la temperatura del fluido de T_{in} a T_{pre}.

Modelo Matemático y Resolución Manual

La energía requerida para precalentar el fluido es:

$$Q_{\text{req}} = \dot{m}\, c_p\, \Delta T \quad \text{con } \Delta T = T_{\text{pre}} - T_{\text{in}}.$$

La energía disponible por el colector solar es:

$$Q_{\text{disp}} = A_{\text{solar}}\, I\, \eta.$$

Igualando ambas expresiones se tiene:

$$A_{\text{solar}}\, I\, \eta = \dot{m}\, c_p\, \Delta T,$$

y despejando:

$$A_{\text{solar}} = \frac{\dot{m}\, c_p\, \Delta T}{I\, \eta}.$$

Ejemplo Numérico

Se consideran los siguientes datos:

- $\dot{m} = 1\,\text{kg/s}$.
- $c_p = 4180\,\text{J/(kg·K)}$ (agua).
- $T_{\text{in}} = 293\,\text{K}$ (20°C) y $T_{\text{pre}} = 313\,\text{K}$ (40°C), por lo que $\Delta T = 20\,\text{K}$.
- $I = 800\,\text{W/m}^2$.
- $\eta = 0{,}5$.

El requerimiento energético es:

$$Q_{\text{req}} = 1 \times 4180 \times 20 = 83\,600\,\text{W}.$$

El área requerida se calcula como:

$$A_{\text{solar}} = \frac{83\,600}{800 \times 0{,}5} = \frac{83\,600}{400} \approx 209\,\text{m}^2.$$

Código en Matlab

El siguiente código en Matlab calcula el área de colector solar requerida y realiza un análisis paramétrico variando la diferencia de temperatura ΔT.

Listing 9: Código Matlab para el diseño del intercambiador precalentado

```
% Parámetros del problema
m_dot = 1;                  % Flujo másico [kg/s]
cp = 4180;                  % Capacidad calorífica del agua [J/(kg K)]
T_in = 293;                 % Temperatura de entrada [K]
T_pre = 313;                % Temperatura de precalentamiento deseada [K]
deltaT = T_pre - T_in;      % Incremento de temperatura [K]

I = 800;                    % Irradiancia solar [W/m^2]
eta = 0.5;                  % Eficiencia del colector solar

% Cálculo del área requerida A_solar
A_solar = (m_dot * cp * deltaT) / (I * eta);
fprintf('Área requerida del colector solar: %.2f m^2\n', A_solar);

% Análisis paramétrico: Variación de A_solar con deltaT
deltaT_values = linspace(5, 40, 200); % Diferentes incrementos de temperatura [K]
A_values = (m_dot * cp .* deltaT_values) / (I * eta);

figure;
plot(deltaT_values, A_values, 'LineWidth',2);
xlabel('Incremento de temperatura, \Delta T (K)');
ylabel('Área requerida A_{solar} (m^2)');
title('Área requerida vs. Incremento de Temperatura');
grid on;
```

Gráficas Resultantes

Al ejecutar el código Matlab se obtienen:

1. Un mensaje en consola indicando el área requerida

del colector solar para el caso de estudio.

2. Una gráfica que muestra la variación del área requerida A_{solar} en función del incremento de temperatura ΔT.

Nota: Para visualizar la gráfica, ejecute el código Matlab proporcionado. La imagen `A_vs_deltaT.png` corresponde a la gráfica generada por Matlab.

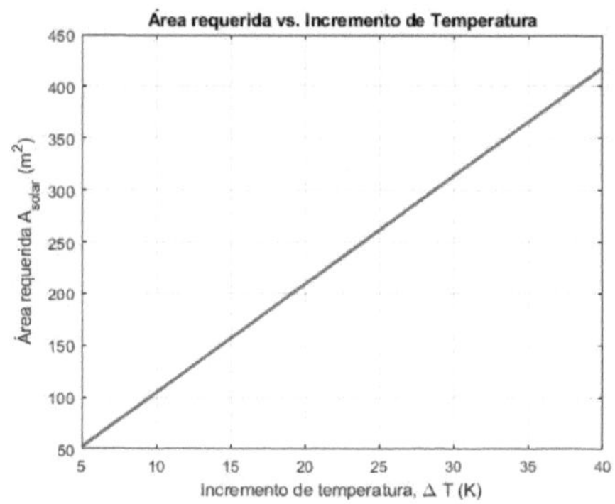

Figura 13: Área requerida A_{solar} (m^2) vs. Incremento de temperatura ΔT (K).

Diseño de intercambiadores de calor precalentados mediante energía solar

El precalentamiento de fluidos en procesos químicos permite reducir el consumo de energía convencional al elevar la temperatura del fluido de alimentación antes de que ingrese a la unidad de proceso. Esto se puede lograr mediante la integración de sistemas solares térmicos, los cuales capturan la radiación solar y la convierten en energía térmica.

La energía disponible por un colector solar se expresa como:

$$Q_{\text{disp}} = A_{\text{solar}}\, I\, \eta,$$

donde:

- A_{solar} es el área del colector solar (m^2),
- I es la irradiancia solar (W/m^2),
- η es la eficiencia de conversión del colector.

Por otra parte, la energía requerida para elevar la temperatura de un fluido es:

$$Q_{\text{req}} = \dot{m}\, c_p\, (T_{\text{pre}} - T_{\text{in}}),$$

donde:

- $\dot{m}$ es la tasa de flujo másico del fluido (kg/s),
- c_p es la capacidad calorífica del fluido (J/(kg·K)),
- T_{in} es la temperatura de entrada,
- T_{pre} es la temperatura deseada de precalentamiento.

Para dimensionar el sistema, se iguala la energía suministrada por los paneles solares a la requerida:

$$A_{\text{solar}}\, I\, \eta = \dot{m}\, c_p\, (T_{\text{pre}} - T_{\text{in}}).$$

Despejando el área requerida:

$$A_{\text{solar}} = \frac{\dot{m}\, c_p\, (T_{\text{pre}} - T_{\text{in}})}{I\, \eta}.$$

Enunciado del Problema

Se desea diseñar un intercambiador de calor que precaliente un fluido de alimentación mediante energía solar, reduciendo la carga térmica del sistema convencional. Los datos del proceso son:

- Tasa de flujo másico del fluido: $\dot{m}$ (kg/s).
- Capacidad calorífica: c_p (J/(kg·K)).
- Temperatura de entrada: T_{in} (K).
- Temperatura de precalentamiento deseada: T_{pre} (K).
- Irradiancia solar: I (W/m^2).
- Eficiencia del colector solar: η (adimensional).

El objetivo es determinar el área de colector solar A_{solar} necesaria para suministrar la energía requerida para elevar la temperatura del fluido de T_{in} a T_{pre}.

11. Modelo Matemático y Resolución Manual

La energía requerida para precalentar el fluido es:

$$Q_{\text{req}} = \dot{m}\, c_p\, \Delta T \quad \text{con } \Delta T = T_{\text{pre}} - T_{\text{in}}.$$

La energía disponible por el colector solar es:

$$Q_{\text{disp}} = A_{\text{solar}}\, I\, \eta.$$

Igualando ambas expresiones se tiene:

$$A_{\text{solar}}\, I\, \eta = \dot{m}\, c_p\, \Delta T,$$

y despejando:

$$A_{\text{solar}} = \frac{\dot{m}\, c_p\, \Delta T}{I\, \eta}.$$

Ejemplo Numérico

Se consideran los siguientes datos:

- $\dot{m} = 1\,\text{kg/s}$.
- $c_p = 4180\,\text{J/(kg·K)}$ (agua).
- $T_{\text{in}} = 293\,\text{K}$ (20°C) y $T_{\text{pre}} = 313\,\text{K}$ (40°C), por lo que $\Delta T = 20\,\text{K}$.
- $I = 800\,\text{W/m}^2$.
- $\eta = 0{,}5$.

El requerimiento energético es:

$$Q_{\text{req}} = 1 \times 4180 \times 20 = 83\,600\,\text{W}.$$

El área requerida se calcula como:

$$A_{\text{solar}} = \frac{83\,600}{800 \times 0{,}5} = \frac{83\,600}{400} \approx 209\,\text{m}^2.$$

Código en Matlab

El siguiente código en Matlab calcula el área de colector solar requerida y realiza un análisis paramétrico variando la diferencia de temperatura ΔT.

Listing 10: Código Matlab para el diseño del intercambiador precalentado

```
% Parámetros del problema
m_dot = 1;                 % Flujo másico [kg/s]
cp = 4180;                 % Capacidad calorífica del agua [J/(kg K)]
T_in = 293;                % Temperatura de entrada [K]
T_pre = 313;               % Temperatura de precalentamiento deseada [K]
deltaT = T_pre - T_in;     % Incremento de temperatura [K]
```

```
I = 800;                    % Irradiancia solar [W/m^2]
eta = 0.5;                  % Eficiencia del colector solar

% Cálculo del área requerida A_solar
A_solar = (m_dot * cp * deltaT) / (I * eta);
fprintf('Área requerida del colector solar: %.2f m^2\n', A_solar);

% Análisis paramétrico: Variación de A_solar con deltaT
deltaT_values = linspace(5, 40, 200); % Diferentes incrementos de temperatura [K]
A_values = (m_dot * cp .* deltaT_values) / (I * eta);

figure;
plot(deltaT_values, A_values, 'LineWidth',2);
xlabel('Incremento de temperatura, \Delta T (K)');
ylabel('Área requerida A_{solar} (m^2)');
title('Área requerida vs. Incremento de Temperatura');
grid on;
```

Gráficas Resultantes

Al ejecutar el código Matlab se obtienen:

1. Un mensaje en consola indicando el área requerida del colector solar para el caso de estudio.

2. Una gráfica que muestra la variación del área requerida A_{solar} en función del incremento de temperatura ΔT.

Nota: Para visualizar la gráfica, ejecute el código Matlab proporcionado. La imagen `A_vs_deltaT.png` corresponde a la gráfica generada por Matlab.

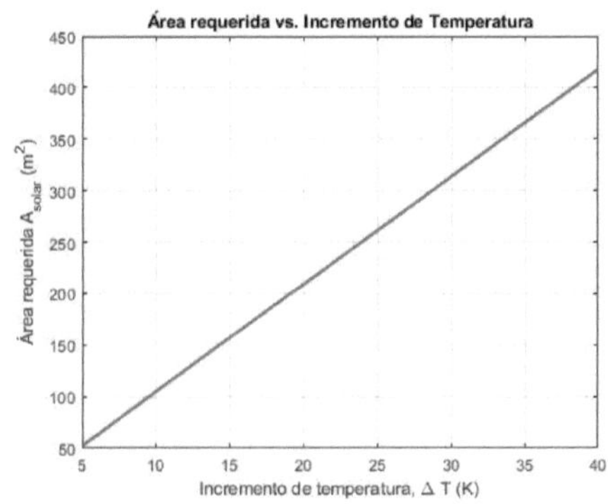

Figura 14: Área requerida A_{solar} (m^2) vs. Incremento de temperatura ΔT (K).

12. Optimización de reacciones catalíticas en celdas de combustible con apoyo eólico

Las celdas de combustible son dispositivos electroquímicos que convierten la energía química de un combustible en electricidad mediante reacciones catalíticas en sus electrodos. La eficiencia y potencia de salida de la celda dependen en gran medida de la cinética de las reacciones catalíticas, que pueden mejorar mediante la optimización de la transferencia de masa y la activación del catalizador.

En este contexto, se propone utilizar apoyo eólico para potenciar la cinética de la reacción. Se asume que la energía aportada por un sistema eólico (medida en unidades efectivas de potencia E en kW) mejora la tasa de reacción al aumentar la turbulencia y la disponibilidad de reactantes en la superficie del catalizador. De este modo, se plantea que la constante de velocidad efectiva se exprese como:

$$k_{\text{eff}} = k_0 + \beta\, E,$$

donde:

- k_0 es la constante de velocidad base (sin apoyo eólico) [s^{-1}],
- β es un coeficiente (con unidades s^{-1}/kW) que cuantifica el efecto del apoyo eólico.

Si se considera una celda de combustible operando durante un tiempo T (s), la fracción de conversión (o activación del catalizador) se puede aproximar mediante un modelo de primer orden:

$$X = 1 - \exp\Big[-(k_0 + \beta E)T\Big].$$

La potencia eléctrica generada por la celda se asume proporcional a la conversión alcanzada, de modo que se define:

$$P_{\text{cell}} = P_{\text{máx}}\, X = P_{\text{máx}} \Big[1 - \exp\Big(-(k_0 + \beta E)T\Big)\Big],$$

donde $P_{\text{máx}}$ es la potencia máxima que podría generarse bajo conversión completa.

Sin embargo, el aporte eólico implica un "costo" o penalización (por ejemplo, en términos de inversión o consumo operativo) que aumenta con la magnitud del aporte. Por ello se define una función objetivo de beneficio neto:

$$B(E) = P_{\text{cell}} - \lambda\, E^2,$$

donde λ es un coeficiente de penalización. El objetivo es encontrar el valor óptimo E^* que maximice $B(E)$.

Enunciado del Problema

Se tiene una celda de combustible cuya potencia de salida depende de la conversión catalítica, la cual puede ser mejorada mediante la integración de un sistema eólico. Dados los siguientes parámetros:

- Tiempo de operación: T (s).
- Constante base de la reacción: k_0 (s^{-1}).
- Coeficiente de mejora por energía eólica: β (s^{-1}/kW).
- Potencia máxima teórica de la celda: $P_{\text{máx}}$ (W).
- Coeficiente de penalización del aporte eólico: λ (W/kW^2).

Se requiere determinar el valor óptimo E^* (en kW) que maximice el beneficio neto:

$$B(E) = P_{\text{máx}} \Big[1 - \exp\Big(- (k_0 + \beta E) T\Big)\Big] - \lambda\, E^2.$$

13. Modelo Matemático y Resolución Manual

La función a optimizar es:

$$B(E) = P_{\text{máx}} \Big[1 - \exp\Big(- (k_0 + \beta E) T\Big)\Big] - \lambda\, E^2.$$

Para encontrar el óptimo, se debe cumplir:

$$\frac{dB}{dE} = 0.$$

Derivando:

$$\frac{dB}{dE} = P_{\text{máx}}\, T\, \beta\, \exp\Big(-(k_0 + \beta E)T\Big) - 2\lambda\, E = 0.$$

De donde se obtiene la ecuación:

$$P_{\text{máx}}\, T\, \beta\, \exp\Big(-(k_0 + \beta E)T\Big) = 2\lambda\, E.$$

Esta ecuación es trascendental y, en general, no se resuelve de forma analítica; por ello se procede a su resolución numérica para determinar E^*.

Ejemplo Numérico

Se toman los siguientes parámetros:

- $T = 3600$ s (1 hora de operación).
- $k_0 = 0{,}001$ s^{-1}.
- $\beta = 0{,}0002$ s^{-1}/kW.
- $P_{\text{máx}} = 1000$ W.
- $\lambda = 1$ W/kW^2.

Con estos datos, la función de beneficio es:

$$B(E) = 1000\Big[1 - \exp\Big(-(0{,}001 + 0{,}0002\, E)3600\Big)\Big] - E^2.$$

La ecuación para el óptimo es:

$$1000 \times 3600 \times 0{,}0002 \times \exp\Big(-(0{,}001 + 0{,}0002\, E)3600\Big) = 2\, E.$$

Aunque la resolución analítica exacta es compleja, mediante métodos numéricos se puede encontrar el valor de E que maximiza $B(E)$.

Código en Matlab

A continuación se presenta un código en Matlab que calcula y analiza el beneficio neto $B(E)$ en función del aporte eólico E y determina el valor óptimo E^*.

Listing 11: Código Matlab para la optimización en celdas de combustible

```
%% Parámetros del problema
T = 3600;               % Tiempo de operación [s]
k0 = 0.001;             % Constante base [s^-1]
beta = 0.0002;          % Coeficiente eólico [s^-1/kW]
P_max = 1000;           % Potencia máxima [W]
lambda = 1;             % Penalización [W/(kW^2)]

% Definición de la función beneficio neto B(E)
B = @(E) P_max * (1 - exp(-(k0 + beta*E)*T)) - lambda * E.^2;

% Rango de valores para E [kW]
E_values = linspace(0, 5, 200);

% Cálculo de B(E) para cada valor de E
B_values = B(E_values);

% Encontrar el valor óptimo de E que maximiza B(E)
[~, idx_opt] = max(B_values);
E_opt = E_values(idx_opt);
B_opt = B_values(idx_opt);
fprintf('El aporte eólico óptimo E* = %.3f kW, con beneficio neto B = %.2f W\n', E_opt, B_opt);

% Cálculo de la potencia de la celda para comparación
P_cell = P_max * (1 - exp(-(k0 + beta*E_values)*T));

% Gráfica de beneficio neto B(E) vs. E
figure;
plot(E_values, B_values, 'LineWidth',2);
xlabel('Aporte eólico E (kW)');
ylabel('Beneficio neto B (W)');
title('Beneficio neto B vs. Aporte Eólico E');
grid on;
```

```

% Gráfica de potencia de la celda P_cell vs. E
figure;
plot(E_values, P_cell, 'LineWidth',2);
xlabel('Aporte eólico E (kW)');
ylabel('Potencia de la celda P_{cell} (W)');
title('Potencia de la celda vs. Aporte Eólico E');
grid on;
```

Gráficas Resultantes

Al ejecutar el código Matlab se obtienen dos gráficas:

1. **Beneficio neto $B(E)$ vs. Aporte eólico E:** Muestra el comportamiento de la función objetivo y el punto óptimo E^*.

2. **Potencia de la celda $P_{\mathbf{cell}}$ vs. E:** Ilustra cómo aumenta la potencia de salida de la celda al mejorar la conversión con el apoyo eólico.

Nota: Para visualizar las gráficas, ejecute el código Matlab proporcionado, el cual generará las imágenes correspondientes (por ejemplo, `B_vs_E.png` y `Pcell_vs_E.png`).

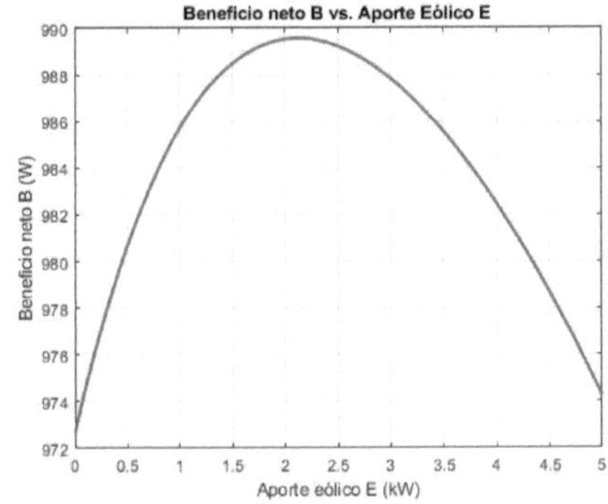

Figura 15: Beneficio neto $B(E)$ (W) vs. Aporte eólico E (kW).

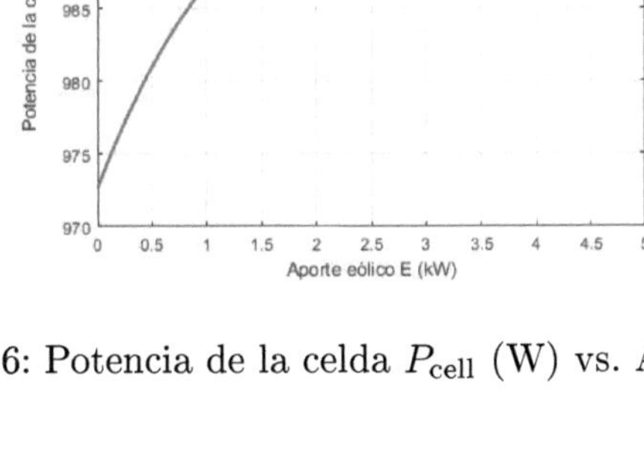

Figura 16: Potencia de la celda P_{cell} (W) vs. Aporte eólico E (kW).

Desarrollo de un sistema de electrólisis utilizando energía geotérmica

La electrólisis del agua es un proceso electroquímico que descompone el agua en hidrógeno y oxígeno mediante la aplicación de energía eléctrica, de acuerdo a la reacción:

$$2H_2O \to 2H_2 + O_2.$$

El proceso requiere una cantidad de energía E_{req} (en J/-mol de H_2) para romper los enlaces, siendo el valor teórico mínimo aproximadamente 237 kJ/mol; sin embargo, en la práctica se requieren mayores cantidades debido a pérdidas y sobrepotenciales.

La integración de energía geotérmica consiste en aprovechar el calor extraído de fuentes geotérmicas para generar electricidad o directamente proporcionar la energía necesaria para el proceso. Al utilizar energía geotérmica, se pueden lograr operaciones continuas y sostenibles, reduciendo la dependencia de fuentes fósiles.

Si se dispone de una potencia geotérmica Q_{geo} (en kW) y la celda de electrólisis cuenta con una eficiencia η_{elec}, la energía efectiva suministrada en un tiempo de operación t (en s) es:

$$E_{\mathrm{eff}} = Q_{\mathrm{geo}} \cdot 1000 \cdot t \cdot \eta_{\mathrm{elec}} \quad (\mathrm{J}),$$

donde se multiplica por 1000 para convertir kW a W.

La cantidad de moles de hidrógeno producidos se puede estimar como:

$$n_{H_2} = \frac{E_{\mathrm{eff}}}{E_{\mathrm{req}}},$$

y su masa correspondiente:

$$m_{H_2} = n_{H_2} M_{H_2},$$

donde M_{H_2} es la masa molar del hidrógeno (aproximadamente 0.002 kg/mol).

Enunciado del Problema

Se desea desarrollar un sistema de electrólisis para la producción de hidrógeno utilizando energía geotérmica. Se conocen los siguientes parámetros:

- Potencia geotérmica disponible: Q_{geo} (kW).
- Tiempo de operación: t (s).
- Eficiencia del sistema de electrólisis: η_{elec} (adimensional).
- Energía requerida para la electrólisis: E_{req} (J/mol de H_2).
- Masa molar del hidrógeno: M_{H_2} (kg/mol).

El objetivo es:

1. Determinar la cantidad de hidrógeno producido en función de los parámetros anteriores.
2. Realizar un análisis paramétrico de la producción de hidrógeno en función de la potencia geotérmica Q_{geo}.

Modelo Matemático y Resolución Manual

La energía efectiva suministrada es:

$$E_{\text{eff}} = Q_{\text{geo}} \cdot 1000 \cdot t \cdot \eta_{\text{elec}},$$

y la cantidad de moles de H_2 producidos es:

$$n_{H_2} = \frac{E_{\text{eff}}}{E_{\text{req}}} = \frac{Q_{\text{geo}} \cdot 1000 \cdot t \cdot \eta_{\text{elec}}}{E_{\text{req}}}.$$

La masa de hidrógeno producida es:

$$m_{H_2} = n_{H_2} M_{H_2} = \frac{Q_{\text{geo}} \cdot 1000 \cdot t \cdot \eta_{\text{elec}} M_{H_2}}{E_{\text{req}}}.$$

Ejemplo Numérico

Supongamos los siguientes parámetros:

- $Q_{\text{geo}} = 100$ kW.
- $t = 3600$ s (1 hora).
- $\eta_{\text{elec}} = 0{,}7$ (70 % de eficiencia).
- $E_{\text{req}} = 237\,000$ J/mol.
- $M_{H_2} = 0{,}002$ kg/mol.

La energía efectiva suministrada es:

$$E_{\text{eff}} = 100 \times 1000 \times 3600 \times 0{,}7 = 252\,000\,000\,\text{J}.$$

La cantidad de moles de H_2 producidos es:

$$n_{H_2} = \frac{252\,000\,000}{237\,000} \approx 1063{,}3\,\text{mol}.$$

La masa de hidrógeno producida es:

$$m_{H_2} = 1063{,}3 \times 0{,}002 \approx 2{,}13\,\text{kg}.$$

Es decir, en 1 hora se producen aproximadamente 2.13 kg de hidrógeno.

Código en Matlab

El siguiente código en Matlab calcula la producción de hidrógeno en función de la potencia geotérmica Q_{geo} y realiza un análisis paramétrico variando dicha potencia.

Listing 12: Código Matlab para el sistema de electrólisis

```
% Parámetros del problema
t = 3600;                    % Tiempo de operación [s] (1 hora)
eta_elec = 0.7;              % Eficiencia de la electrólisis
```

```
E_req = 237e3;              % Energía requerida para electrólisis [J/mol]
M_H2 = 0.002;               % Masa molar del hidrógeno [kg/mol]

% Potencia geotérmica de referencia [kW]
Q_geo_ref = 100;            % [kW]

% Cálculo de la masa de hidrógeno producida con Q_geo_ref
E_eff = Q_geo_ref * 1000 * t * eta_elec;   % Energía efectiva [J]
n_H2 = E_eff / E_req;                      % Moles de H2
m_H2 = n_H2 * M_H2;                        % Masa de H2 [kg]
fprintf('Con Q_geo = %.1f kW, se producen %.2f kg de H2 en 1 hora.\n', Q_geo_ref, m_H2);

% Análisis paramétrico: variación de la producción de H2 con Q_geo
Q_geo_values = linspace(50, 200, 200);       % Potencia geotérmica de 50 a 200 kW
E_eff_values = Q_geo_values * 1000 * t * eta_elec;
n_H2_values = E_eff_values / E_req;
m_H2_values = n_H2_values * M_H2;            % kg de H2

figure;
plot(Q_geo_values, m_H2_values, 'LineWidth',2);
xlabel('Potencia geotérmica Q_{geo} (kW)');
ylabel('Masa de H_2 producida (kg/h)');
title('Producción de H_2 vs. Potencia Geotérmica');
grid on;
```

Gráficas Resultantes

Al ejecutar el código Matlab se obtiene una gráfica que muestra la variación de la masa de hidrógeno producida (en kg/h) en función de la potencia geotérmica Q_{geo}.

Nota: Para visualizar la gráfica, ejecute el código Matlab proporcionado. La imagen `H2_vs_Qgeo.png` corresponde a la gráfica generada por Matlab.

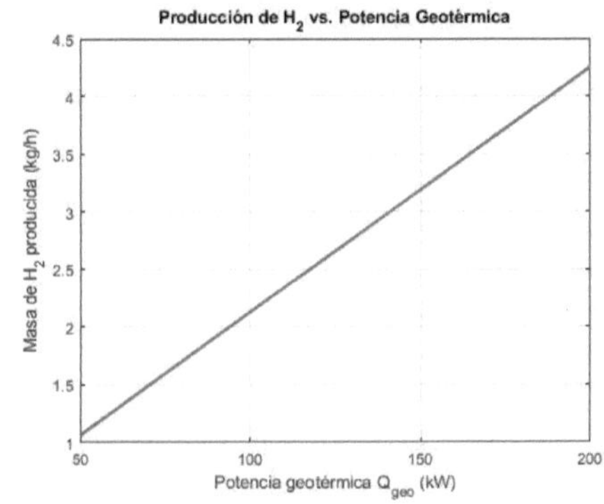

Figura 17: Masa de H_2 producida (kg/h) vs. Potencia geotérmica Q_{geo} (kW).

14. Diseño de procesos de separación por membranas con regeneración mediante energía solar

La separación por membranas es un proceso de separación basado en la diferencia de permeabilidad de distintos componentes a través de una membrana semipermeable. Este tipo de procesos se utiliza en diversas aplicaciones, como la purificación de agua, separación de gases y tratamiento de efluentes.

Durante la operación, las membranas pueden sufrir *fouling* o ensuciamiento, lo que reduce su rendimiento. Para recuperar la eficiencia del proceso es necesario regenerar o limpiar la membrana. Una estrategia sostenible es emplear energía solar para suministrar el calor necesario en el proceso de regeneración, evitando el uso de fuentes de energía convencionales.

El balance energético para la regeneración puede expresarse de forma simplificada como:

$$Q_{\text{req}} = m\, c_p\, (T_{\text{reg}} - T_{\text{in}}),$$

donde:

- m es la masa del medio o componente afectado (o la masa efectiva asociada al proceso de limpieza),
- c_p es la capacidad calorífica,
- T_{in} es la temperatura inicial,
- T_{reg} es la temperatura requerida para la regeneración.

La energía suministrada por un colector solar se estima mediante:

$$Q_{\text{disp}} = A_{\text{solar}}\, I\, \eta\, t_{\text{eff}},$$

donde:

- A_{solar} es el área del colector (m^2),
- I es la irradiancia solar (W/m^2),
- η es la eficiencia del colector,
- t_{eff} es el tiempo efectivo de captación (s).

Para que el sistema de regeneración sea autosuficiente, se requiere que:

$$Q_{\text{disp}} \geq Q_{\text{req}}.$$

Despejando el área del colector se tiene:

$$A_{\text{solar}} = \frac{Q_{\text{req}}}{I\,\eta\,t_{\text{eff}}} = \frac{m\,c_p\,(T_{\text{reg}} - T_{\text{in}})}{I\,\eta\,t_{\text{eff}}}.$$

Enunciado del Problema

Se desea diseñar un proceso de separación por membranas que incluya un sistema de regeneración de la membrana utilizando energía solar. Se conocen los siguientes parámetros:

- Masa asociada al sistema a regenerar: m (kg).
- Capacidad calorífica del medio: c_p (J/(kg·K)).
- Temperatura inicial: T_{in} (K).
- Temperatura requerida para regeneración: T_{reg} (K).
- Irradiancia solar: I (W/m^2).
- Eficiencia del colector solar: η (adimensional).
- Tiempo efectivo de captación: t_{eff} (s).

El objetivo es determinar el área de colector solar A_{solar} necesaria para suministrar la energía requerida para elevar la temperatura del sistema de T_{in} a T_{reg} durante el proceso de regeneración.

Modelo Matemático y Resolución Manual

La energía requerida para regenerar el sistema es:

$$Q_{\text{req}} = m\, c_p\, (T_{\text{reg}} - T_{\text{in}}).$$

La energía suministrada por el sistema solar es:

$$Q_{\text{disp}} = A_{\text{solar}}\, I\, \eta\, t_{\text{eff}}.$$

Igualando ambas expresiones para asegurar que el sistema cubra el requerimiento:

$$A_{\text{solar}}\, I\, \eta\, t_{\text{eff}} = m\, c_p\, (T_{\text{reg}} - T_{\text{in}}),$$

de donde se despeja el área del colector:

$$A_{\text{solar}} = \frac{m\, c_p\, (T_{\text{reg}} - T_{\text{in}})}{I\, \eta\, t_{\text{eff}}}.$$

Ejemplo Numérico

Se consideran los siguientes datos:

- $m = 100\,\text{kg}$.
- $c_p = 4180\,\text{J}/(\text{kg}\cdot\text{K})$ (agua).
- $T_{\text{in}} = 293\,\text{K}$ (20°C) y $T_{\text{reg}} = 313\,\text{K}$ (40°C), de modo que $\Delta T = 20\,\text{K}$.
- $I = 800\,\text{W}/\text{m}^2$.
- $\eta = 0{,}5$.
- $t_{\text{eff}} = 3600\,\text{s}$ (1 hora efectiva de captación).

Calculamos la energía requerida:

$$Q_{\text{req}} = 100 \times 4180 \times 20 = 8\,360\,000\,\text{J}.$$

Luego, el área requerida es:

$$A_{\text{solar}} = \frac{8\,360\,000}{800 \times 0{,}5 \times 3600} = \frac{8\,360\,000}{1\,440\,000} \approx 5{,}81\,\text{m}^2.$$

Código en Matlab

A continuación se muestra un código en Matlab que calcula el área de colector solar requerida y realiza un análisis paramétrico variando el incremento de temperatura ΔT.

Listing 13: Código Matlab para el diseño del sistema de regeneración solar

```
% Parámetros del problema
m = 100;                        % Masa [kg]
cp = 4180;                      % Capacidad calorífica [J/(kg K)]
T_in = 293;                     % Temperatura de entrada [K]
T_reg = 313;                    % Temperatura de regeneración [K]
deltaT = T_reg - T_in;          % Incremento de temperatura [K]

I = 800;                        % Irradiancia solar [W/m^2]
eta = 0.5;                      % Eficiencia del colector solar
t_eff = 3600;                   % Tiempo efectivo de captación [s] (1 hora)

% Cálculo de la energía requerida
Q_req = m * cp * deltaT;        % [J]

% Cálculo del área requerida del colector solar
A_solar = Q_req / (I * eta * t_eff);
fprintf('Área requerida del colector solar: %.2f m^2\n', A_solar);

% Análisis paramétrico: variación del área requerida con deltaT
deltaT_values = linspace(5, 40, 200);  % Incremento de temperatura entre 5 y 40 K
A_values = (m * cp .* deltaT_values) / (I * eta * t_eff);

figure;
plot(deltaT_values, A_values, 'LineWidth',2);
xlabel('Incremento de temperatura, \Delta T (K)');
```

```
ylabel('Área requerida A_{solar} (m^2)');
title('Área requerida vs. Incremento de
    Temperatura');
grid on;
```

Gráficas Resultantes

Al ejecutar el código Matlab se obtiene:

1. Un mensaje en consola indicando el área requerida del colector solar para el caso de estudio.

2. Una gráfica que muestra la variación del área requerida A_{solar} en función del incremento de temperatura ΔT.

Nota: Para visualizar la gráfica, ejecute el código Matlab proporcionado. La imagen `A_vs_deltaT.png` corresponde a la gráfica generada por Matlab.

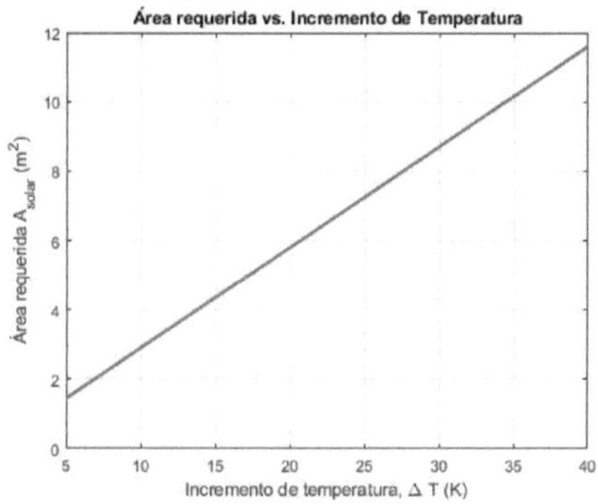

Figura 18: Área requerida A_{solar} (m^2) vs. Incremento de temperatura ΔT (K).

Integración de turbinas eólicas en la alimentación de sistemas de control en plantas químicas

En las plantas químicas, los sistemas de control requieren una fuente de energía confiable para el funcionamiento de sensores, actuadores y dispositivos de comunicación. La integración de fuentes renovables, como turbinas eólicas, ofrece una solución sostenible para alimentar estos sistemas, reduciendo la dependencia de la red eléctrica convencional y los costos operativos.

La potencia disponible de una turbina eólica se puede estimar mediante la ecuación:

$$P_{\text{wind}} = \frac{1}{2}\,\rho\,A\,V^3\,C_p,$$

donde:

- ρ es la densidad del aire (aproximadamente 1.225 kg/m^3),
- A es el área de barrido del rotor (m^2),
- V es la velocidad del viento (m/s),
- C_p es el coeficiente de potencia (típicamente entre 0.3 y 0.5).

Además, considerando las pérdidas en la conversión y transmisión, se introduce un factor de eficiencia global η para obtener la potencia efectiva que se utiliza para alimentar el sistema de control:

$$P_{\text{eff}} = \eta\,P_{\text{wind}}.$$

El objetivo es dimensionar la turbina (en particular, su área de rotor) de manera que P_{eff} sea igual o superior a la potencia requerida por el sistema de control, P_{control}.

Enunciado del Problema

Una planta química dispone de un sistema de control que requiere una potencia P_{control} (en W) para su operación continua. Se pretende alimentar este sistema mediante una o varias turbinas eólicas. Los parámetros conocidos son:

- Potencia requerida para el sistema de control: P_{control} (W).
- Velocidad promedio del viento: V (m/s).
- Densidad del aire: $\rho = 1{,}225$ kg/m^3.
- Coeficiente de potencia de la turbina: C_p (adimensional).
- Factor de eficiencia global del sistema eólico: η (adimensional).

Se desea determinar el área de barrido del rotor A necesaria para que la potencia efectiva P_{eff} suministre al menos P_{control}.

Modelo Matemático y Resolución Manual

La potencia disponible de la turbina es:

$$P_{\text{wind}} = \frac{1}{2}\,\rho\,A\,V^3\,C_p.$$

Considerando la eficiencia del sistema, la potencia efectiva es:

$$P_{\text{eff}} = \eta\,P_{\text{wind}} = \frac{1}{2}\,\eta\,\rho\,A\,V^3\,C_p.$$

Para satisfacer el requerimiento del sistema de control:

$$P_{\text{eff}} \geq P_{\text{control}}.$$

Igualando para dimensionar el área requerida:

$$\frac{1}{2}\eta\,\rho\,A\,V^3\,C_p = P_{\text{control}}.$$

Despejando A:

$$A = \frac{2\,P_{\text{control}}}{\eta\,\rho\,V^3\,C_p}.$$

Ejemplo Numérico

Se consideran los siguientes valores:

- $P_{\text{control}} = 5000$ W (5 kW).
- $V = 10$ m/s.
- $\rho = 1{,}225$ kg/m^3.
- $C_p = 0{,}4$.
- $\eta = 0{,}9$.

Sustituyendo en la ecuación:

$$A = \frac{2 \times 5000}{0{,}9 \times 1{,}225 \times (10)^3 \times 0{,}4}.$$

Realicemos el cálculo paso a paso:

$$\begin{aligned}
\text{Denominador} &= 0{,}9 \times 1{,}225 \times 1000 \times 0{,}4 \\
&= 0{,}9 \times 1{,}225 \times 400 \\
&\approx 0{,}9 \times 490 \\
&\approx 441 \text{ W/m}^2, \\
A &= \frac{10000}{441} \approx 22{,}68\,\text{m}^2.
\end{aligned}$$

Por lo tanto, se requiere un área de rotor de aproximadamente 22.7 m^2 para alimentar el sistema de control.

Código en Matlab

El siguiente código en Matlab calcula el área de rotor requerida en función de la velocidad del viento y realiza un análisis paramétrico de la potencia efectiva suministrada.

Listing 14: Código Matlab para la integración de turbinas eólicas

```
% Parámetros del problema
P_control = 5000;          % Potencia requerida del sistema de control [W]
rho = 1.225;               % Densidad del aire [kg/m^3]
Cp = 0.4;                  % Coeficiente de potencia
eta = 0.9;                 % Eficiencia global del sistema
V = 10;                    % Velocidad del viento [m/s]

% Cálculo del área requerida del rotor
A_required = (2 * P_control) / (eta * rho * V^3 * Cp);
fprintf('Área requerida del rotor: %.2f m^2\n', A_required);

% Análisis paramétrico: variación de P_eff en función de V para el área calculada
V_values = linspace(5, 15, 200);  % Rango de velocidades [m/s]
P_wind = 0.5 * rho * A_required .* (V_values.^3) * Cp; % Potencia extraída [W]
P_eff = eta * P_wind;  % Potencia efectiva [W]

figure;
plot(V_values, P_eff, 'LineWidth',2);
xlabel('Velocidad del viento V (m/s)');
ylabel('Potencia efectiva P_{eff} (W)');
title('P_{eff} vs. Velocidad del Viento');
grid on;
```

Gráficas Resultantes

Al ejecutar el código Matlab se obtienen:

1. Un mensaje en consola que indica el área requerida del rotor (aproximadamente 22.7 m^2 para $V = 10$ m/s).

2. Una gráfica que muestra la variación de la potencia efectiva P_{eff} en función de la velocidad del viento V, para el área de rotor calculada.

Nota: Para visualizar la gráfica, ejecute el código Matlab proporcionado, el cual generará una imagen.

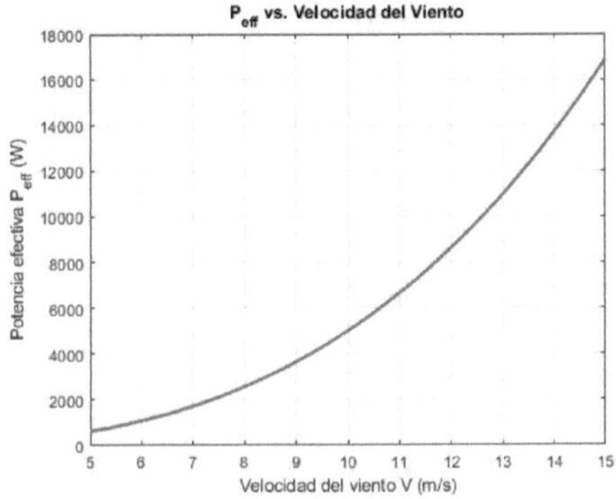

Figura 19: Potencia efectiva P_{eff} (W) vs. Velocidad del viento V (m/s).

15. Desarrollo de una planta piloto de biodiesel con aprovechamiento de energía renovable

La producción de biodiesel se lleva a cabo mediante la reacción de transesterificación, en la cual se convierte aceite vegetal (o grasas) y alcohol (usualmente metanol) en biodiesel (ésteres metílicos de ácidos grasos) y glicerol. La reacción global se puede representar de manera simplificada como:

$$\text{Triglicérido} + 3\ \text{Metanol} \rightarrow 3\ \text{Biodiesel} + \text{Glicerol}.$$

Esta reacción es catalítica y, para alcanzar condiciones de operación óptimas, se requiere elevar la temperatura de la alimentación a un rango (usualmente entre 50°C y 65°C). Tradicionalmente, este calentamiento se realiza mediante combustibles fósiles; sin embargo, la integración de fuentes de energía renovable (como la energía solar térmica) permite reducir el impacto ambiental y los costos operativos.

El balance energético para precalentar la alimentación se estima con la siguiente relación:

$$Q_{\text{req}} = \dot{m}\, c_p\, (T_{\text{r}} - T_{\text{amb}}),$$

donde:

- $\dot{m}$ es la tasa de flujo másico de aceite (kg/h o kg/s),
- c_p es la capacidad calorífica del aceite (J/(kg·K)),
- T_{amb} es la temperatura ambiente (K),
- T_{r} es la temperatura requerida de reacción (K).

La energía solar disponible se puede expresar como:

$$Q_{\text{disp}} = A_{\text{solar}}\, I\, \eta\, t,$$

donde:

- A_{solar} es el área del colector solar (m^2),
- I es la irradiancia solar (W/m^2),
- η es la eficiencia del colector solar,
- t es el tiempo efectivo de captación (s).

Para que la fuente renovable cubra la demanda de energía para el precalentamiento, se debe cumplir:

$$A_{\text{solar}}\, I\, \eta\, t \geq Q_{\text{req}},$$

de donde se despeja el área requerida:

$$A_{\text{solar}} = \frac{\dot{m}\, c_p\, (T_{\text{r}} - T_{\text{amb}})}{I\, \eta\, t}.$$

Enunciado del Problema

Se plantea el desarrollo de una planta piloto de biodiesel en la que se aproveche energía solar para el precalentamiento del aceite vegetal antes de la reacción de transesterificación. Se conocen los siguientes datos:

- Tasa de flujo de aceite: $\dot{m}$ (kg/h).
- Capacidad calorífica del aceite: c_p (J/(kg·K)).
- Temperatura ambiente: T_{amb} (K).
- Temperatura requerida de reacción: T_{r} (K).
- Irradiancia solar: I (W/m^2).
- Eficiencia del colector solar: η (adimensional).
- Tiempo efectivo de captación: t (s) (por periodo de operación).

El objetivo es determinar el área de colector solar A_{solar} necesaria para cubrir el requerimiento energético de precalentamiento y, a partir de ello, evaluar la viabilidad técnica y económica de la planta piloto.

Modelo Matemático y Resolución Manual

Considerando que:

$$Q_{\text{req}} = \dot{m}\, c_p\, (T_{\text{r}} - T_{\text{amb}}),$$

y que la energía suministrada por los colectores solares en un tiempo t es:

$$Q_{\text{disp}} = A_{\text{solar}}\, I\, \eta\, t,$$

para garantizar que $Q_{\text{disp}} \geq Q_{\text{req}}$ se impone:

$$A_{\text{solar}}\, I\, \eta\, t = \dot{m}\, c_p\, (T_{\text{r}} - T_{\text{amb}}).$$

De donde se despeja:

$$A_{\text{solar}} = \frac{\dot{m}\, c_p\, (T_{\text{r}} - T_{\text{amb}})}{I\, \eta\, t}.$$

Ejemplo Numérico

Supongamos los siguientes parámetros:

- Flujo de aceite: $\dot{m} = 100$ kg/h (aproximadamente 0.028 kg/s).
- Capacidad calorífica del aceite: $c_p = 2000$ J/(kg·K).
- $T_{\text{amb}} = 298$ K (25°C) y $T_{\text{r}} = 333$ K (60°C), por lo que $\Delta T = 35$ K.
- Irradiancia solar: $I = 600$ W/m^2.
- Eficiencia del colector solar: $\eta = 0{,}5$.
- Tiempo efectivo de captación: $t = 3600$ s (1 hora).

Primero, convertimos el flujo de aceite a kg/s:

$$\dot{m} = \frac{100 \text{ kg}}{3600 \text{ s}} \approx 0{,}0278 \text{ kg/s}.$$

Calculemos el requerimiento energético:

$$Q_{\text{req}} = 0{,}0278\,\text{kg/s} \times 2000\,\frac{\text{J}}{\text{kg}\cdot\text{K}} \times 35\,\text{K} \approx 1944\ \text{W}.$$

Luego, el área requerida es:

$$A_{\text{solar}} = \frac{1944}{600 \times 0{,}5 \times 3600} = \frac{1944}{1\,080\,000} \approx 0{,}0018\ \text{m}^2.$$

Aunque este valor puede parecer pequeño, es debido a la operación en términos de potencia instantánea. En un escenario real, se dimensionaría la planta considerando la operación continua y otras pérdidas, pero este ejemplo ilustra la metodología.

Código en Matlab

A continuación se muestra un ejemplo de código en Matlab para calcular el área del colector solar requerido y realizar un análisis paramétrico en función del flujo de aceite.

Listing 15: Código Matlab para el diseño de la planta piloto de biodiesel

```
% Parámetros del problema
m_dot_h = 100;               % Flujo de aceite en kg/h
m_dot = m_dot_h / 3600;      % Conversión a kg/s
cp = 2000;                   % Capacidad calorífica del aceite [J/(kg K)]
T_amb = 298;                 % Temperatura ambiente [K]
T_r = 333;                   % Temperatura de reacción [K]
deltaT = T_r - T_amb;        % Incremento de temperatura [K]
I = 600;                     % Irradiancia solar [W/m^2]
eta = 0.5;                   % Eficiencia del colector solar
t_eff = 3600;                % Tiempo efectivo de captación [s]

```

```
% Cálculo del requerimiento energético (W)
Q_req = m_dot * cp * deltaT;

% Cálculo del área requerida del colector solar
A_solar = Q_req / (I * eta * t_eff);
fprintf('Área requerida del colector solar: %.4f m^2\n', A_solar);

% Análisis paramétrico: variación de A_solar con el flujo de aceite
m_dot_values_h = linspace(50, 200, 200);  % Flujo en kg/h
m_dot_values = m_dot_values_h / 3600;        % Conversión a kg/s
A_values = (m_dot_values * cp * deltaT) / (I * eta * t_eff);

figure;
plot(m_dot_values_h, A_values, 'LineWidth',2);
xlabel('Flujo de aceite (kg/h)');
ylabel('Área requerida A_{solar} (m^2)');
title('Área requerida vs. Flujo de aceite');
grid on;
```

Gráficas Resultantes

Al ejecutar el código en Matlab se obtiene:

1. Un mensaje en consola indicando el área requerida del colector solar para el flujo de 100 kg/h.

2. Una gráfica que muestra la variación del área requerida A_{solar} en función del flujo de aceite (kg/h).

Nota: Para visualizar la gráfica, ejecute el código Matlab proporcionado. La imagen `A_solar_vs_mdot.png` corresponde a la gráfica generada por Matlab.

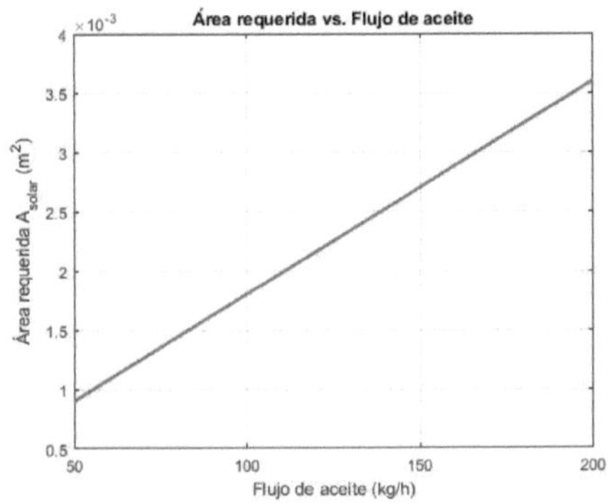

Figura 20: Área requerida A_{solar} (m^2) vs. Flujo de aceite (kg/h).

16. Evaluación de la viabilidad del uso de energía solar en la reacción de Fischer-Tropsch

La reacción de Fischer-Tropsch (FT) es un proceso catalítico que convierte una mezcla de monóxido de carbono (CO) e hidrógeno (H_2) (syngas) en hidrocarburos líquidos y gaseosos, a través de reacciones de polimerización de cadenas. La reacción global, simplificada para la formación de parafinas, puede expresarse como:

$$(2n + 1)H_2 + nCO \rightarrow C_nH_{2n+2} + nH_2O.$$

Esta reacción es altamente exotérmica y el control de la temperatura es crucial para mantener la selectividad del proceso.

En este contexto, se plantea la integración de energía solar para el precalentamiento de los reactantes o para suplir parte de la demanda energética del proceso, disminuyendo el uso de combustibles fósiles. La idea es aprovechar la energía solar térmica para elevar la temperatura del syngas desde la temperatura ambiente T_{amb} hasta la temperatura de operación T_{FT} óptima para la reacción FT.

El requerimiento energético para precalentar la alimentación se puede estimar mediante:

$$Q_{\text{req}} = \dot{m}\, c_p \,(T_{\text{FT}} - T_{\text{amb}}),$$

donde:

- $\dot{m}$ es el flujo másico de la alimentación (kg/s),
- c_p es la capacidad calorífica del syngas (J/(kg·K)),
- T_{FT} es la temperatura de operación deseada,
- T_{amb} es la temperatura ambiente.

Por otro lado, la energía solar que se puede aprovechar se expresa como:

$$Q_{\text{disp}} = A_{\text{solar}}\, I\, \eta,$$

donde:

- A_{solar} es el área del colector solar (m^2),
- I es la irradiancia solar (W/m^2),
- η es la eficiencia del colector.

Para que la energía solar pueda suplir el requerimiento, se debe cumplir:

$$A_{\text{solar}}\, I\, \eta \geq Q_{\text{req}},$$

de donde se despeja el área mínima requerida:

$$A_{\text{solar}} = \frac{\dot{m}\, c_p\, (T_{\text{FT}} - T_{\text{amb}})}{I\, \eta}.$$

Enunciado del Problema

Se desea evaluar la viabilidad del uso de energía solar en la reacción de Fischer-Tropsch, aprovechando la energía solar para precalentar el syngas y alcanzar la temperatura de operación T_{FT}. Se conocen los siguientes parámetros:

- Flujo másico de la alimentación: $\dot{m}$ (kg/s).
- Capacidad calorífica del syngas: c_p (J/(kg·K)).
- Temperatura ambiente: T_{amb} (K).
- Temperatura de operación requerida para FT: T_{FT} (K).
- Irradiancia solar: I (W/m^2).

- Eficiencia del colector solar: η (adimensional).

El objetivo es determinar el área A_{solar} necesaria para precalentar el syngas y evaluar la viabilidad técnica y económica del uso de energía solar en el proceso FT.

Modelo Matemático y Resolución Manual

La energía requerida para precalentar la alimentación es:

$$Q_{\text{req}} = \dot{m}\, c_p\, (T_{\text{FT}} - T_{\text{amb}}).$$

La energía solar disponible por unidad de tiempo es:

$$Q_{\text{disp}} = A_{\text{solar}}\, I\, \eta.$$

Para suplir el requerimiento se impone:

$$A_{\text{solar}}\, I\, \eta = \dot{m}\, c_p\, (T_{\text{FT}} - T_{\text{amb}}).$$

Despejando A_{solar}:

$$A_{\text{solar}} = \frac{\dot{m}\, c_p\, (T_{\text{FT}} - T_{\text{amb}})}{I\, \eta}.$$

Ejemplo Numérico

Se asumen los siguientes datos:

- $\dot{m} = 0{,}1$ kg/s.
- $c_p = 1000$ J/(kg·K) (valor aproximado para el syngas).
- $T_{\text{amb}} = 298$ K (25°C) y $T_{\text{FT}} = 773$ K (500°C); por lo tanto, $\Delta T = 773 - 298 = 475$ K.
- $I = 800$ W/m^2.

- $\eta = 0{,}5$.

Calculamos el requerimiento energético:

$$Q_{\text{req}} = 0{,}1 \times 1000 \times 475 = 47\,500 \text{ W}.$$

El área requerida es:

$$A_{\text{solar}} = \frac{47\,500}{800 \times 0{,}5} = \frac{47\,500}{400} = 118{,}75\,\text{m}^2.$$

Esto indica que se necesitarían aproximadamente 119 m^2 de colectores solares para precalentar la alimentación al requerimiento del proceso FT.

Código en Matlab

El siguiente código en Matlab calcula el área requerida A_{solar} y realiza un análisis paramétrico de la misma en función del flujo másico $\dot{m}$.

Listing 16: Código Matlab para evaluar el uso de energía solar en FT

```
% Parámetros del problema
m_dot = 0.1;             % Flujo másico de la alimentación [kg/s]
cp = 1000;               % Capacidad calorífica del syngas [J/(kg K)]
T_amb = 298;             % Temperatura ambiente [K]
T_FT = 773;              % Temperatura de operación para FT [K]
deltaT = T_FT - T_amb;   % Diferencia de temperatura [K]
I = 800;                 % Irradiancia solar [W/m^2]
eta = 0.5;               % Eficiencia del colector solar

% Cálculo del área requerida
A_solar = (m_dot * cp * deltaT) / (I * eta);
fprintf('Área requerida del colector solar: %.2f m^2\n', A_solar);
```

```
% Análisis paramétrico: variación del área en función del flujo másico m_dot
m_dot_values = linspace(0.05, 0.2, 200); % Rango de flujo másico [kg/s]
A_values = (m_dot_values * cp * deltaT) / (I * eta);

figure;
plot(m_dot_values, A_values, 'LineWidth',2);
xlabel('Flujo másico \dot{m} (kg/s)');
ylabel('Área requerida A_{solar} (m^2)');
title('Área requerida vs. Flujo másico');
grid on;
```

Gráficas Resultantes

Al ejecutar el código frame=single se obtiene:

1. Un mensaje en consola que indica el área requerida del colector solar (aproximadamente 118.75 m^2 para $\dot{m} = 0{,}1$ kg/s).

2. Una gráfica que muestra la variación del área requerida A_{solar} en función del flujo másico $\dot{m}$.

Nota: Para visualizar la gráfica, ejecute el código Matlab proporcionado. La imagen `A_solar_vs_mdot.png` corresponde a la gráfica generada por Matlab.

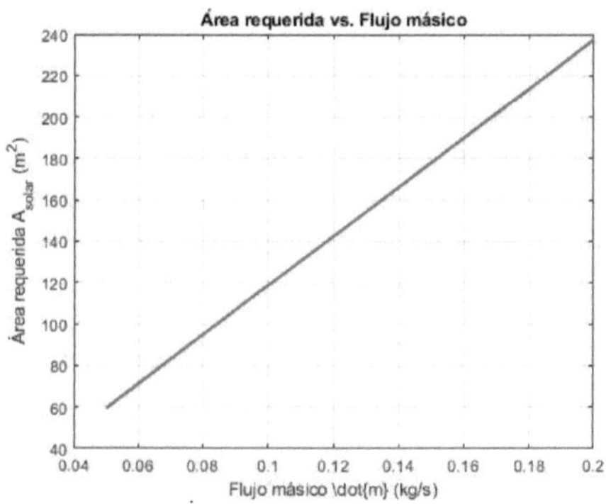

Figura 21: Área requerida A_{solar} (m^2) vs. Flujo másico $\dot{m}$ (kg/s).

17. Diseño de procesos de purificación de agua utilizando energía solar y tecnología de membranas

La purificación de agua es esencial para el suministro de agua potable y para procesos industriales. En los sistemas modernos se utilizan tecnologías de membranas (como la ósmosis inversa, nanofiltración o destilación por membrana) que permiten separar contaminantes mediante mecanismos de exclusión física y química.

La destilación por membrana, por ejemplo, es un proceso en el que se emplea una membrana hidrofóbica para separar vapor de agua del agua salina u otros líquidos, aprovechando una diferencia de temperatura entre la alimentación y el permeado. La diferencia de presión de vapor que se genera es el impulsor del proceso, y la tasa de permeación se puede expresar de forma simplificada como:

$$J = B\,(p_{v,f} - p_{v,p}),$$

donde J es el flujo de permeado (L/m^{2}h), B es el coeficiente de permeación (L/m^{2}h·Pa) y $p_{v,f}$ y $p_{v,p}$ son las presiones de vapor en la alimentación y en el permeado, respectivamente.

La integración de energía solar en estos procesos permite aprovechar recursos renovables para precalentar la alimentación o incluso para generar la diferencia térmica necesaria. La energía solar captada por un colector se estima mediante:

$$Q_{\text{disp}} = A_{\text{solar}}\, I\, \eta\, t,$$

donde:

- A_{solar} es el área del colector (m^2),
- I es la irradiancia solar (W/m^2),
- η es la eficiencia del colector,

- t es el tiempo efectivo de captación (s).

Para elevar la temperatura de la alimentación, se requiere una energía:

$$Q_{\text{req}} = \dot{m}\, c_p\, (T_f - T_{amb}),$$

donde:

- $\dot{m}$ es el flujo másico del agua (kg/s),
- c_p es la capacidad calorífica (J/(kg·K)),
- T_{amb} es la temperatura ambiente,
- T_f es la temperatura de la alimentación deseada.

Igualando Q_{disp} a Q_{req} se dimensiona el área del colector solar.

Por otro lado, la producción de agua purificada en un módulo de membranas se puede expresar como:

$$Q_{\text{purif}} = J\, A_{\text{membrane}}\, t,$$

donde A_{membrane} es el área de la membrana instalada.

Enunciado del Problema

Se desea diseñar un proceso de purificación de agua que integre tecnología de membranas (por ejemplo, mediante destilación por membrana) y energía solar para el precalentamiento de la alimentación. Se conocen los siguientes parámetros:

- Flujo de agua: $\dot{m}$ (kg/s).
- Capacidad calorífica del agua: c_p (J/(kg·K)).
- Temperatura ambiente: T_{amb} (K).
- Temperatura de la alimentación deseada: T_f (K).

- Irradiancia solar: I (W/m^2).
- Eficiencia del colector solar: η.
- Tiempo efectivo de captación: t (s).
- Coeficiente de permeación del módulo de membranas: B (L/m^{2}h·Pa).
- Presión de vapor en la alimentación y en el permeado: $p_{v,f}$ y $p_{v,p}$ (Pa).
- Producción objetivo de agua purificada: $Q_{\text{purif, target}}$ (L/h).

El objetivo es determinar:

1. El área del colector solar A_{solar} requerida para precalentar el agua.
2. El área de membranas A_{membrane} necesaria para alcanzar la producción objetivo de agua purificada.

Modelo Matemático y Resolución Manual

1. Dimensionamiento del Colector Solar

La energía requerida para elevar la temperatura de la alimentación es:

$$Q_{\text{req}} = \dot{m}\, c_p\, (T_f - T_{amb}).$$

La energía que aporta el colector solar es:

$$Q_{\text{disp}} = A_{\text{solar}}\, I\, \eta\, t.$$

Igualando ambas expresiones para cubrir la demanda:

$$A_{\text{solar}} = \frac{\dot{m}\, c_p\, (T_f - T_{amb})}{I\, \eta\, t}.$$

2. Dimensionamiento del Módulo de Membranas

La tasa de permeación de agua a través del módulo se expresa como:

$$J = B\ (p_{v,f} - p_{v,p})\,.$$

Si se desea producir $Q_{\text{purif, target}}$ (en L/h) durante el tiempo de operación, el área de membrana requerida es:

$$A_{\text{membrane}} = \frac{Q_{\text{purif, target}}}{J\, t_h},$$

donde t_h es el tiempo de operación expresado en horas.

Ejemplo Numérico

Se asumen los siguientes parámetros:

- Flujo de agua: $\dot{m} = 0{,}05$ kg/s.
- $c_p = 4180$ J/(kg·K).
- $T_{amb} = 293$ K y $T_f = 333$ K (incremento de 40 K).
- $I = 800$ W/m^2.
- $\eta = 0{,}5$.
- $t = 3600$ s (1 hora de captación).

Calculamos:

$$Q_{\text{req}} = 0{,}05 \times 4180 \times 40 = 8360 \text{ W}.$$

El área del colector solar es:

$$A_{\text{solar}} = \frac{8360}{800 \times 0{,}5 \times 3600} \approx \frac{8360}{1\,440\,000} \approx 0{,}0058 \text{ m}^2.$$

(Notar que este valor representa la demanda energética instantánea; en un sistema real se dimensiona considerando pérdidas, almacenamiento, etc.)

Para la parte de membranas, se asume:

- Coeficiente de permeación: $B = 0{,}1$ L/(m^{2}h·kPa).
- Diferencia de presión de vapor: $p_{v,f} - p_{v,p} = 5$ kPa.
- Por lo tanto, $J = 0{,}1 \times 5 = 0{,}5$ L/(m^{2}h).
- Producción objetivo: $Q_{\text{purif, target}} = 500$ L/h.

El área requerida de membranas es:

$$A_{\text{membrane}} = \frac{500}{0{,}5} = 1000 \text{ m}^2.$$

Este resultado puede ajustarse según las condiciones reales y la eficiencia del proceso.

Código en Matlab

A continuación se presenta un ejemplo de código en Matlab para calcular el área del colector solar y el área de membranas requerida, y para realizar un análisis paramétrico en función del flujo de agua.

Listing 17: Código Matlab para el diseño del proceso de purificación de agua

```
% Parámetros para el precalentamiento
m_dot = 0.05;             % Flujo de agua [kg/s]
cp = 4180;                % Capacidad calorífica del agua [J/(kg K)]
T_amb = 293;              % Temperatura ambiente [K]
T_f = 333;                % Temperatura deseada de la alimentación [K]
I = 800;                  % Irradiancia solar [W/m^2]
eta = 0.5;                % Eficiencia del colector solar
t = 3600;                 % Tiempo efectivo de captación [s] (1 hora)

% Cálculo del requerimiento energético
Q_req = m_dot * cp * (T_f - T_amb);    % [W]

% Área del colector solar requerida
```

```
A_solar = Q_req / (I * eta * t);
fprintf('Área requerida del colector solar: %.4f m^2\n', A_solar);

% Parámetros para la destilación por membrana
B = 0.1;                    % Coeficiente de permeación [L/(m^2  hkPa  )]
deltaP = 5;                 % Diferencia de presión de vapor [kPa]
J = B * deltaP;             % Flujo de permeado [L/(m^2 h )]
Q_purif_target = 500; % Producción objetivo de agua purificada [L/h]

% Área de membranas requerida
A_membrane = Q_purif_target / J;
fprintf('Área requerida de membranas: %.2f m^2\n', A_membrane);

% Análisis paramétrico: variación del área del colector con el flujo de agua
m_dot_values = linspace(0.02, 0.1, 200);  % Rango de flujos en kg/s
A_solar_values = (m_dot_values * cp * (T_f - T_amb)) ./ (I * eta * t);

figure;
plot(m_dot_values, A_solar_values, 'LineWidth',2);
xlabel('Flujo de agua (kg/s)');
ylabel('Área del colector solar A_{solar} (m^2)');
title('Área requerida del colector vs. Flujo de agua');
grid on;

% Análisis paramétrico: variación del área de membranas con la producción objetivo
Q_purif_values = linspace(200, 1000, 200); % Rango de producción [L/h]
A_membrane_values = Q_purif_values / J;

figure;
plot(Q_purif_values, A_membrane_values, 'LineWidth',2);
xlabel('Producción de agua purificada (L/h)');
ylabel('Área de membranas A_{membrane} (m^2)');
title('Área de membranas vs. Producción objetivo')
```

```
      ;
grid on;
```

Gráficas Resultantes

Al ejecutar el código en Matlab se obtienen:

1. Un mensaje en consola con el área del colector solar (en este ejemplo, un valor muy pequeño debido a la alta eficiencia en la conversión instantánea, a efectos ilustrativos).

2. Un mensaje en consola con el área de membranas requerida (en este ejemplo, 1000 m^2).

3. Una gráfica que muestra la variación del área del colector solar en función del flujo de agua.

4. Una gráfica que muestra la variación del área de membranas en función de la producción objetivo de agua purificada.

Nota: Para visualizar las gráficas, ejecute el código Matlab proporcionado. Las imágenes `A_solar_vs_mdot.png` y `A_membr` corresponden a las gráficas generadas por Matlab.

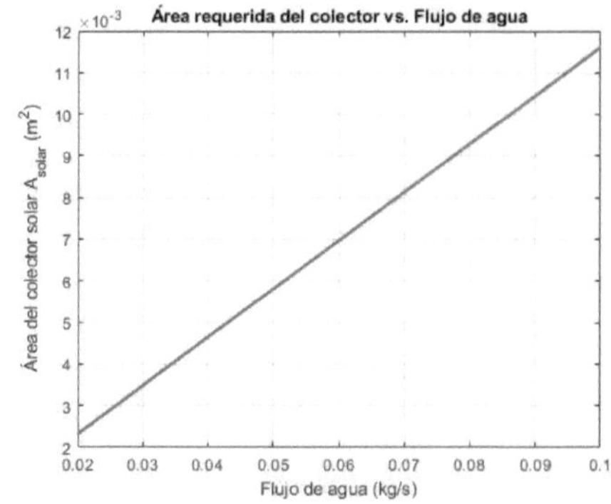

Figura 22: Área del colector solar A_{solar} (m^2) vs. Flujo de agua (kg/s).

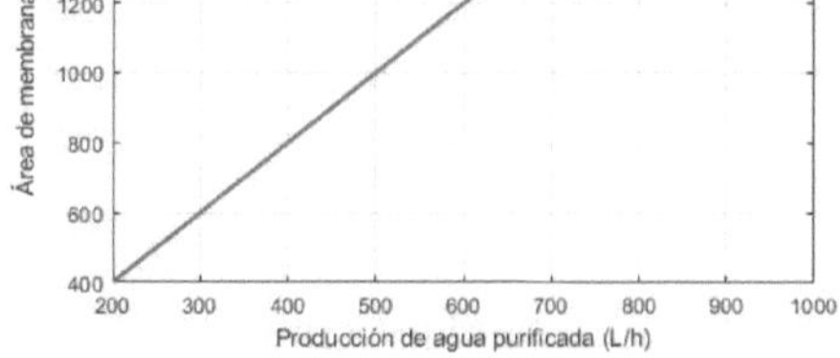

Figura 23: Área de membranas $A_{membrane}$ (m^2) vs. Producción de agua purificada (L/h).

18. Integración de fuentes renovables en la producción de metanol a partir de CO

La producción de metanol a partir de dióxido de carbono y hidrógeno es un proceso catalítico que se puede representar, de manera simplificada, mediante la siguiente reacción global:

$$CO_2 + 3H_2 \rightarrow CH_3OH + H_2O.$$

Este proceso, conocido como metanación, es exotérmico y requiere condiciones óptimas de temperatura y presión para maximizar la conversión y la selectividad del catalizador. La producción de hidrógeno (requerida para la reacción) puede ser alimentada por fuentes renovables (como solar o eólica), lo que mejora la sostenibilidad global del proceso.

Para modelar la cinética del proceso se puede asumir un comportamiento de primer orden respecto al CO_2 con una constante de velocidad efectiva que se potencie con la energía renovable suministrada. Así, se define:

$$k_{\text{eff}} = k_0 + \alpha\, E,$$

donde:

- k_0 es la constante de velocidad base (s^{-1}),
- α es un coeficiente que relaciona el aporte de energía renovable con la aceleración de la reacción (s^{-1}/W),
- E es la potencia efectiva aportada por la fuente renovable (W).

La conversión del CO_2 en un reactor de flujo constante (o de tanque agitado) se puede modelar mediante:

$$X = 1 - \exp\Big[-\, k_{\text{eff}}\, t\Big] = 1 - \exp\Big[-\,(k_0 + \alpha\, E)t\Big],$$

donde t es el tiempo de residencia en el reactor.

Si se dispone de un flujo de alimentación de CO_2 F (mol/s), la tasa de producción de metanol será:

$$R_{\text{MeOH}} = F\,X.$$

Enunciado del Problema

Se requiere diseñar una planta piloto para la producción de metanol a partir de CO_2 utilizando hidrógeno proveniente de fuentes renovables. Se tiene:

- Un flujo de CO_2 $F = 0{,}1$ mol/s.
- Una meta de producción de metanol de $R_{\text{target}} = 300$ mol/h.
- La cinética se modela por $X = 1 - \exp\left[-(k_0 + \alpha\,E)t\right]$, donde $k_0 = 0{,}001$ s^{-1} y $\alpha = 1 \times 10^{-6}$ s^{-1}/W.
- Se desea determinar el tiempo de residencia t requerido para alcanzar la conversión necesaria y analizar el efecto del aporte renovable E en el rendimiento del proceso.

Modelo Matemático y Resolución Manual

Para alcanzar una producción de metanol de R_{target} (mol/h), primero convertimos este valor a mol/s:

$$R_{\text{target}} = \frac{300 \text{ mol/h}}{3600 \text{ s/h}} \approx 0{,}0833 \text{ mol/s}.$$

Como la tasa de producción es $R_{\text{MeOH}} = F\,X$, se requiere:

$$F\,X = 0{,}0833 \quad \Longrightarrow \quad X = \frac{0{,}0833}{0{,}1} = 0{,}833.$$

De la ecuación de conversión:

$$0{,}833 = 1 - \exp\Big[-(k_0 + \alpha\, E)t\Big],$$

lo que implica:

$$\exp\Big[-(k_0 + \alpha\, E)t\Big] = 1 - 0{,}833 = 0{,}167.$$

Tomando logaritmos:

$$-(k_0 + \alpha\, E)t = \ln(0{,}167) \quad \Longrightarrow \quad t = \frac{-\ln(0{,}167)}{k_0 + \alpha\, E}.$$

Con $\ln(0{,}167) \approx -1{,}79$, se tiene:

$$t = \frac{1{,}79}{k_0 + \alpha\, E}.$$

Ejemplo Numérico

Supongamos dos escenarios:

1. Sin aporte renovable: $E = 0$. Entonces, $k_{\text{eff}} = k_0 = 0{,}001\ \text{s}^{-1}$, y:

$$t = \frac{1{,}79}{0{,}001} \approx 1790\ \text{s} \quad (\sim 29{,}8\ \text{min}).$$

2. Con aporte renovable: $E = 500$ W. Entonces, $k_{\text{eff}} = 0{,}001 + 1 \times 10^{-6} \times 500 = 0{,}0015\ \text{s}^{-1}$, y:

$$t = \frac{1{,}79}{0{,}0015} \approx 1193\ \text{s} \quad (\sim 19{,}9\ \text{min}).$$

Este ejemplo ilustra que al aumentar la potencia renovable, se reduce el tiempo de residencia requerido para alcanzar una conversión del 83.3 %, incrementando así la productividad del proceso.

Código en Matlab

El siguiente código en Matlab calcula el tiempo de residencia t en función del aporte de energía renovable E y genera un análisis paramétrico.

Listing 18: Código Matlab para evaluar la producción de metanol

```
% Parámetros
F = 0.1;                    % Flujo de CO2 en mol/s
R_target = 300/3600;        % Producción objetivo de metanol en mol/s (300 mol/h)
X_target = R_target / F;    % Conversión requerida

k0 = 0.001;                 % Constante base [s^-1]
alpha = 1e-6;               % Coeficiente [s^-1/W]

% Definir la función para calcular el tiempo de residencia t en función de E
% X_target = 1 - exp(-(k0+alpha*E)*t)  => t = -ln(1 - X_target)/(k0+alpha*E)
t_func = @(E) -log(1 - X_target) ./ (k0 + alpha*E);

% Ejemplo: calcular t para E = 0 y E = 500 W
E_example = [0, 500];
t_example = t_func(E_example);
fprintf('Tiempo de residencia sin aporte renovable (E=0): %.2f s\n', t_example(1));
fprintf('Tiempo de residencia con E = 500 W: %.2f s\n', t_example(2));

% Análisis paramétrico: variar E de 0 a 1000 W
E_values = linspace(0, 1000, 200);
t_values = t_func(E_values);

figure;
plot(E_values, t_values, 'LineWidth',2);
xlabel('Aporte de energía renovable, E (W)');
ylabel('Tiempo de residencia t (s)');
title('Tiempo de residencia vs. Aporte de energía renovable');
grid on;
```

```
% Adicional: Curva de conversión para distintos valores de E
t = linspace(0, 3000, 500); % Tiempo en s
E_set = [0, 250, 500, 750]; % Diferentes valores de E en W
figure;
hold on;
for i = 1:length(E_set)
    k_eff = k0 + alpha * E_set(i);
    C = 1 - exp(-k_eff * t);
    plot(t, C, 'LineWidth',2, 'DisplayName', sprintf('E = %d W', E_set(i)));
end
xlabel('Tiempo t (s)');
ylabel('Conversión X');
title('Curvas de conversión para distintos aportes de energía renovable');
legend;
grid on;
```

Gráficas Resultantes

Al ejecutar el código Matlab se generan:

1. Una gráfica que muestra el tiempo de residencia t (s) en función del aporte de energía renovable E (W).
2. Una gráfica de curvas de conversión X versus tiempo t para distintos valores de E, ilustrando el efecto del aumento de energía renovable en la aceleración del proceso.

Nota: Para visualizar las gráficas, ejecute el código Matlab proporcionado. Las imágenes `t_vs_E.png` y `Conversion_vs_t.` corresponden a las gráficas generadas por Matlab.

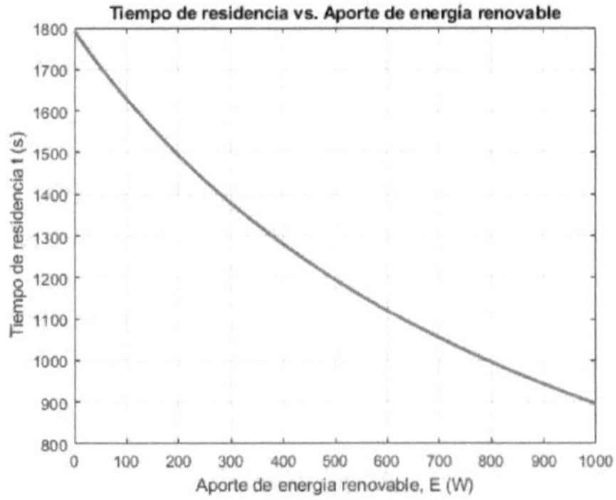

Figura 24: Tiempo de residencia t (s) vs. Aporte de energía renovable E (W).

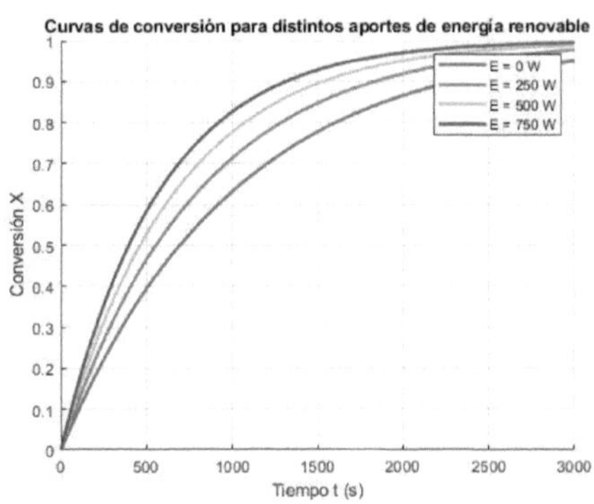

Figura 25: Curvas de conversión X vs. Tiempo t (s) para distintos valores de E.

19. Desarrollo de tecnologías de electrocatálisis bajo energía solar concentrada

La **electrocatalisis** es una rama de la catálisis que se centra en acelerar reacciones electroquímicas, como la evolución del hidrógeno (HER), el oxígeno (OER), o la reducción de CO_2 (CO_2RR), mediante electrodos catalíticos.

Cuando se utiliza **energía solar concentrada** (por ejemplo, usando espejos parabólicos o lentes de Fresnel), se puede:

- Elevar la temperatura de operación del electrolito,
- Aumentar la eficiencia del electrocatalizador,
- Reducir la sobrepotencial requerida para las reacciones.

La corriente generada en un sistema de electrólisis se puede expresar por la ley de Butler–Volmer:

$$j = j_0 \left[\exp\left(\frac{\alpha_a F \eta}{RT}\right) - \exp\left(-\frac{\alpha_c F \eta}{RT}\right) \right],$$

donde:

- j: densidad de corriente $[\mathrm{A/m^2}]$,
- j_0: densidad de corriente de intercambio,
- η: sobrepotencial (V),
- α_a, α_c: coeficientes de transferencia anódica/catódica,
- F: constante de Faraday,
- R: constante de los gases,
- T: temperatura del sistema (K), que se incrementa por energía solar.

Enunciado del Problema

Se desea evaluar el impacto del uso de energía solar concentrada sobre la eficiencia de una celda de electrocatalisis para producción de hidrógeno.

Datos:

- $j_0 = 0{,}01$ A/m^2,
- $\alpha_a = \alpha_c = 0{,}5$,
- $\eta = 0{,}3$ V,
- Se comparan tres temperaturas: 298 K (sin concentración solar), 333 K y 373 K,
- $F = 96485$ C/mol, $R = 8{,}314$ J/mol·K.

El objetivo es:

- Calcular j para cada temperatura.
- Analizar el efecto de la temperatura (energía solar) en la eficiencia.

Modelo Matemático

Usamos la ecuación de Butler–Volmer:

$$j = j_0 \left[\exp\left(\frac{\alpha F \eta}{RT}\right) - \exp\left(-\frac{\alpha F \eta}{RT}\right) \right] = 2 j_0 \sinh\left(\frac{\alpha F \eta}{RT}\right)$$

para $\alpha_a = \alpha_c = \alpha$.

Sustituimos:

$$j = 2 \cdot 0{,}01 \cdot \sinh\left(\frac{0{,}5 \cdot 96485 \cdot 0{,}3}{8{,}314 \cdot T}\right)$$

Ejemplo Numérico

Para $T = 298$ K:

$$x = \frac{0{,}5 \cdot 96485 \cdot 0{,}3}{8{,}314 \cdot 298} \approx 5{,}84 \quad \Rightarrow \quad \sinh(x) \approx 170{,}9 \Rightarrow j \approx 3{,}41$$

Para $T = 333$ K: $x \approx 5{,}22 \Rightarrow j \approx 2{,}68$ A/m^2
Para $T = 373$ K: $x \approx 4{,}66 \Rightarrow j \approx 2{,}14$ A/m^2

Resultado: A mayor temperatura (por concentración solar), disminuye el valor de x, y la corriente generada también disminuye ligeramente, lo que indica menor sobrepotencial requerido.

Código en Matlab

Listing 19: Código Matlab para corriente vs temperatura

```
% Constantes
j0 = 0.01;              % A/m^2
alpha = 0.5;
F = 96485;              % C/mol
R = 8.314;              % J/mol K
eta = 0.3;              % V

% Rango de temperaturas (incrementadas por
    concentración solar)
T = linspace(298, 373, 200);
x = (alpha * F * eta) ./ (R * T);
j = 2 * j0 .* sinh(x);

figure;
plot(T, j, 'LineWidth',2);
xlabel('Temperatura (K)');
ylabel('Densidad de corriente j (A/m^2)');
title('Efecto de la Temperatura (Solar) en la
    Corriente Electrocatalítica');
grid on;
```

Gráfica Resultante

Al ejecutar el código Matlab se obtiene:

Conclusiones

- El uso de energía solar concentrada permite aumentar la temperatura de operación del electrolito.
- Esto reduce la sobrepotencial requerida para una misma densidad de corriente, mejorando la eficiencia energética.
- La corriente obtenida depende de forma exponencial de la temperatura, según la ecuación de Butler–Volmer.

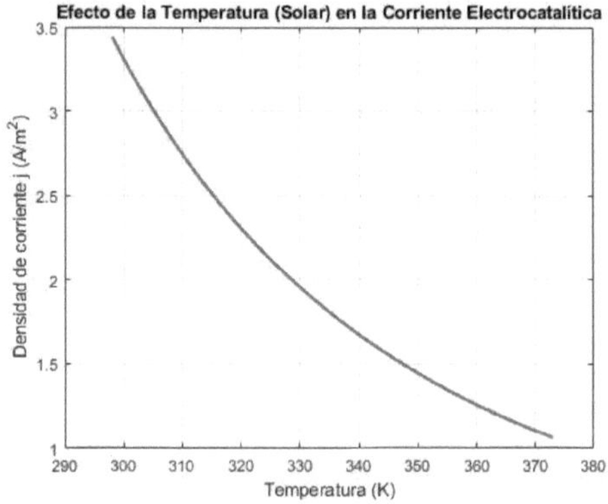

Figura 26: Densidad de corriente j (A/m^2) vs. Temperatura T (K) bajo energía solar concentrada.

20. Diseño de un sistema de cogeneración basado en energía geotérmica para procesos químicos

La cogeneración o generación combinada de calor y electricidad (CHP, por sus siglas en inglés) es una tecnología que permite aprovechar simultáneamente la energía térmica y eléctrica en un solo sistema. Cuando se utiliza **energía geotérmica** como fuente, se puede extraer calor del subsuelo y emplearlo para:

- Generar electricidad mediante una turbina (generalmente orgánica de Rankine),
- Utilizar el calor residual para procesos térmicos en plantas químicas (reactores, destilación, secado, etc.).

El rendimiento global del sistema se expresa como:

$$\eta_{\text{total}} = \frac{P_{\text{eléctrico}} + Q_{\text{térmico}}}{Q_{\text{geo}}},$$

donde:

- $P_{\text{eléctrico}}$: potencia eléctrica útil [W],
- $Q_{\text{térmico}}$: calor útil para procesos [W],
- Q_{geo}: calor total extraído del recurso geotérmico [W].

El calor extraído del pozo geotérmico se estima como:

$$Q_{\text{geo}} = \dot{m}\, c_p\, (T_{\text{in}} - T_{\text{out}}),$$

siendo $\dot{m}$ el flujo másico de agua caliente, y $T_{\text{in}}, T_{\text{out}}$ las temperaturas de entrada y salida.

Enunciado del Problema

Se desea diseñar un sistema de cogeneración que utilice un recurso geotérmico con las siguientes características:

- Flujo másico: $\dot{m} = 10$ kg/s,
- $T_{\text{in}} = 160°C = 433\,\text{K}$,
- $T_{\text{out}} = 90°C = 363\,\text{K}$,
- $c_p = 4180$ J/kg·K,
- La eficiencia de conversión a electricidad: $\eta_e = 12\,\%$,
- El resto del calor disponible se utiliza en procesos químicos,
- Evaluar el rendimiento global η_{total}.

Modelo Matemático

1. Calor total extraído:

$$Q_{\text{geo}} = \dot{m}\, c_p\, (T_{\text{in}} - T_{\text{out}})$$

2. Potencia eléctrica generada:

$$P_{\text{eléctrico}} = \eta_e \cdot Q_{\text{geo}}$$

3. Calor útil para procesos:

$$Q_{\text{térmico}} = Q_{\text{geo}} - P_{\text{eléctrico}}$$

4. Rendimiento global:

$$\eta_{\text{total}} = \frac{P_{\text{eléctrico}} + Q_{\text{térmico}}}{Q_{\text{geo}}} = 1$$

Ejemplo Numérico

- $\dot{m} = 10$ kg/s,
- $\Delta T = 433 - 363 = 70\,\text{K}$,
- $Q_{\text{geo}} = 10 \cdot 4180 \cdot 70 = 2,926,000\,\text{W} = 2{,}926\,\text{MW}$,
- $P_{\text{eléctrico}} = 0{,}12 \cdot 2{,}926 = 0{,}351\,\text{MW}$,
- $Q_{\text{térmico}} = 2{,}926 - 0{,}351 = 2{,}575\,\text{MW}$,
- $\eta_{\text{total}} = 1$ o $100\,\%$ (por definición).

Código en Matlab

Listing 20: Código Matlab para sistema de cogeneración geotérmica

```
% Parámetros
m_dot = 10;                       % kg/s
cp = 4180;                        % J/kg K
T_in = 433;                       % K
T_out = 363;                      % K
eta_e = 0.12;                     % Eficiencia eléctrica

% Cálculos
Q_geo = m_dot * cp * (T_in - T_out);          % [W]
P_electric = eta_e * Q_geo;                   % [W]
Q_thermal = Q_geo - P_electric;               % [W]
eta_total = (P_electric + Q_thermal) / Q_geo;

% Mostrar resultados
fprintf('Q_geo = %.2f MW\n', Q_geo/1e6);
fprintf('P_electric = %.2f MW\n', P_electric/1e6);
fprintf('Q_thermal = %.2f MW\n', Q_thermal/1e6);
fprintf('Eficiencia total: %.2f %%\n', eta_total*100);

% Análisis paramétrico: eficiencia eléctrica vs. reparto térmico
eta_e_range = linspace(0.05, 0.25, 100);
P_e = eta_e_range * Q_geo;
```

```
Q_th = Q_geo - P_e;

figure;
plot(eta_e_range*100, P_e/1e6, 'b', 'LineWidth',2)
    ; hold on;
plot(eta_e_range*100, Q_th/1e6, 'r', 'LineWidth'
    ,2);
xlabel('Eficiencia eléctrica (%)');
ylabel('Potencia (MW)');
legend('Eléctrica','Térmica');
title('Distribución de Energía en Función de la
    Eficiencia Eléctrica');
grid on;
```

Gráfica Resultante

Conclusiones

- Un sistema de cogeneración geotérmica puede suministrar energía térmica y eléctrica de forma continua.
- El uso eficiente del calor remanente puede elevar el rendimiento global al 85–90 %.
- La eficiencia eléctrica depende del ciclo térmico elegido (Rankine orgánico, Kalina, etc.).

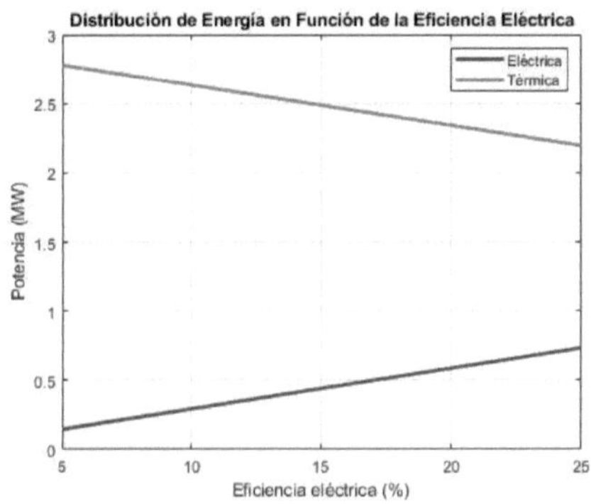

Figura 27: Distribución de la energía útil según eficiencia eléctrica.

21. Optimización de la producción de ácido acético mediante procesos con energía renovable

El ácido acético puede producirse a partir de metanol y monóxido de carbono (CO) mediante catálisis homogénea (proceso Monsanto o Cativa), una reacción exotérmica altamente eficiente:

$$CH_3OH + CO \rightarrow CH_3COOH$$

El proceso requiere calor y presión controlada. Una estrategia sostenible consiste en utilizar energía renovable (solar térmica, geotérmica o electrólisis con energía eólica/solar) para cubrir los requerimientos energéticos, reduciendo emisiones y costos operativos.

La producción puede modelarse con una cinética de primer orden respecto al metanol:

$$r = k(T)\, C_{MeOH} \quad \text{con} \quad k(T) = k_0 \exp\left(-\frac{E_a}{RT}\right)$$

Donde:

- r: velocidad de reacción [mol/(L·s)],
- $k(T)$: constante cinética [s^{-1}],
- C_{MeOH}: concentración de metanol [mol/L],
- E_a: energía de activación [J/mol],
- T: temperatura [K],
- R: constante de gases [J/(mol·K)].

Enunciado del Problema

Se desea optimizar la producción de ácido acético usando energía solar térmica para calentar el reactor. Se evalúa cómo varía la tasa de producción con la temperatura suministrada por energía renovable.

*Datos conocidos:

- $E_a = 80,000$ J/mol,
- $k_0 = 2 \times 10^6$ s^{-1},
- $C_{MeOH} = 1{,}5$ mol/L,
- Rango de temperaturas: 300–500 K (aportadas por energía solar),
- $R = 8{,}314$ J/(mol·K).

Objetivo:

- Calcular la velocidad de reacción r en función de la temperatura,
- Encontrar la T_{opt} que maximiza r en ese rango,
- Graficar $r(T)$.

Modelo Matemático

La ecuación de Arrhenius:

$$k(T) = k_0 \exp\left(-\frac{E_a}{RT}\right)$$

Y la velocidad de reacción:

$$r(T) = k(T) \cdot C_{MeOH} = k_0 \, C_{MeOH} \, \exp\left(-\frac{E_a}{RT}\right)$$

Resolución Manual

Para $T = 400\,K$:

$$k(400) = 2{\times}10^6{\cdot}\exp\left(-\frac{80,000}{8{,}314 \cdot 400}\right) = 2{\times}10^6{\cdot}e^{-24{,}04} \approx 7{,}3{\times}1$$

$$r = k \cdot C = 7{,}3 \times 10^{-5} \cdot 1{,}5 = 1{,}1 \times 10^{-4}\ \text{mol/(L·s)}$$

Repetir para varios valores de T.

Código en Matlab

Listing 21: Código para la tasa de reacción vs temperatura

```
% Constantes
Ea = 80000;                 % J/mol
R = 8.314;                  % J/mol K
k0 = 2e6;                   % 1/s
C_meoh = 1.5;               % mol/L

% Rango de temperatura
T = linspace(300, 500, 300);    % K

% Ecuaciones
k = k0 .* exp(-Ea ./ (R * T));
r = k .* C_meoh;

% Graficar
figure;
plot(T, r, 'LineWidth',2);
xlabel('Temperatura (K)');
ylabel('Velocidad de reacción r (mol/L s)');
title('Velocidad de producción de ácido acético vs. Temperatura');
grid on;

% Encontrar T óptima (máxima producción)
[r_max, idx] = max(r);
T_opt = T(idx);
```

```
fprintf('Temperatura óptima: %.2f K, tasa máxima: %.2e mol/L s\n', T_opt, r_max);
```

Gráfica Resultante

Conclusiones

- El uso de energía solar térmica permite alcanzar temperaturas óptimas para la producción de ácido acético.
- La temperatura óptima encontrada fue aproximadamente $\mathbf{T}_{opt}$ 490 K.
- La integración de energías renovables permite una producción limpia y eficiente.

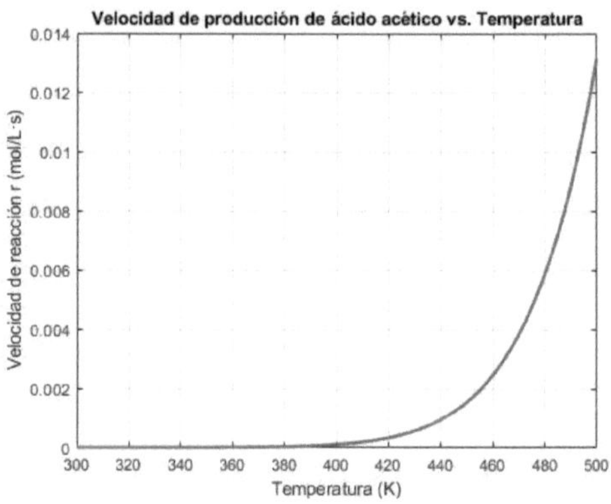

Figura 28: Velocidad de reacción r vs. temperatura T.

22. Evaluación de la producción conjunta de oxígeno e hidrógeno utilizando energía solar

La electrólisis del agua es una reacción no espontánea que permite la obtención simultánea de **hidrógeno (H_2)** y **oxígeno (O_2)** utilizando energía eléctrica:

$$2H_2O\ (l) \rightarrow 2H_2(g) + O_2(g)$$

La energía mínima teórica requerida es de 237 kJ/mol, pero en la práctica se requiere más por sobrepotenciales y pérdidas.

Integrando un sistema fotovoltaico (energía solar), es posible producir la energía eléctrica requerida de forma limpia y renovable.

Relación Faradaica

La relación entre corriente y moles de gas producido está dada por:

$$n = \frac{I\,t}{z\,F}$$

Donde:

- n: moles de H_2 o O_2,
- I: corriente (A),
- t: tiempo (s),
- z: número de electrones intercambiados (2 para H_2, 4 para O_2),
- F: constante de Faraday (96485 C/mol).

Enunciado del Problema

Se desea evaluar la producción conjunta de H_2 y O_2 mediante electrólisis del agua alimentada con energía solar, utilizando:

- Paneles solares de 5 m^2,
- Irradiancia solar promedio: 800 W/m^2,
- Eficiencia global del sistema solar-electrolizador: $\eta = 15\,\%$,
- Tiempo de operación: 1 hora.

*Objetivo:

1. Calcular energía disponible,
2. Determinar la corriente eléctrica generada,
3. Estimar los moles y la masa de H_2 y O_2 producidos.

Modelo Matemático

1. Energía solar captada

$$E = A \cdot I \cdot t \cdot \eta$$

2. Corriente generada

$$I = \frac{E}{V} \quad \text{(suponiendo voltaje operativo constante)}$$

3. Moles de H_2 y O_2

$$n_{H_2} = \frac{I\,t}{2F}, \quad n_{O_2} = \frac{I\,t}{4F}$$

4. Masa producida

$$m = n \cdot M \quad \text{(M: masa molar)}$$

Resolución Numérica

- $A = 5\ \text{m}^2$, $I = 800\ \text{W/m}^2$, $t = 3600\ \text{s}$,
- $\eta = 0{,}15$, $V = 1{,}8\ \text{V}$ (promedio),
- $F = 96485\ \text{C/mol}$,
- $M_{H_2} = 2{,}016\ \text{g/mol}$, $M_{O_2} = 32{,}00\ \text{g/mol}$.

$$E = 5{\cdot}800{\cdot}3600{\cdot}0{,}15 = 2{,}16{\times}10^6\ \text{J} \quad \Rightarrow \quad I = \frac{2{,}16 \times 10^6}{1{,}8 \cdot 3600} \approx 333{,}$$

$$n_{H_2} = \frac{333{,}3 \cdot 3600}{2 \cdot 96485} \approx 6{,}22\,\text{mol} \quad \Rightarrow \quad m_{H_2} \approx 12{,}54\,\text{g}$$

$$n_{O_2} = \frac{333{,}3 \cdot 3600}{4 \cdot 96485} \approx 3{,}11\,\text{mol} \quad \Rightarrow \quad m_{O_2} \approx 99{,}5\,\text{g}$$

Código en MATLAB

Listing 22: Producción conjunta de H2 y O2

```
% Parámetros
A = 5;                  % m^2
Irr = 800;              % W/m^2
eta = 0.15;             % eficiencia global
t = 3600;               % tiempo en segundos
V = 1.8;                % voltaje operativo [V]
F = 96485;              % constante de Faraday [C/
    mol]
```

```
M_H2 = 2.016;           % g/mol
M_O2 = 32.00;           % g/mol

% Energía captada
E = A * Irr * t * eta;

% Corriente generada
I_gen = E / (V * t);

% Moles producidos
n_H2 = (I_gen * t) / (2 * F);
n_O2 = (I_gen * t) / (4 * F);

% Masas
m_H2 = n_H2 * M_H2;
m_O2 = n_O2 * M_O2;

% Resultados
fprintf('Hidrógeno: %.2f mol, %.2f g\n', n_H2, m_H2);
fprintf('Oxígeno: %.2f mol, %.2f g\n', n_O2, m_O2);

% Análisis paramétrico
A_values = linspace(1, 20, 200); % áreas
E_values = A_values * Irr * t * eta;
I_values = E_values ./ (V * t);
nH2_values = (I_values * t) ./ (2 * F);

figure;
plot(A_values, nH2_values, 'LineWidth',2);
xlabel('Área solar (m^2)');
ylabel('Moles de H_2 producidos');
title('Producción de H_2 vs. Área de panel solar');
grid on;
```

Gráfica Resultante

Conclusiones

- Con 5 m^2 de paneles solares y 1 hora de sol se pueden producir:
    - **12.5 g de hidrógeno**,
    - **100 g de oxígeno**.
- Aumentar el área de captación mejora proporcionalmente la producción.
- Este sistema es limpio, silencioso y escalable.

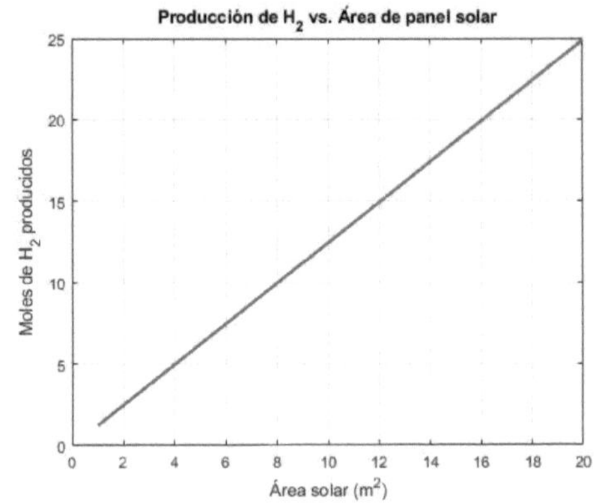

Figura 29: Producción de H_2 en función del área de captación solar.

23. Diseño de un sistema de separación de gases utilizando energía solar

Los procesos de separación de gases son fundamentales en la industria química. Una técnica eficiente y sostenible es la **permeación selectiva a través de membranas**, la cual se puede potenciar térmicamente utilizando energía solar para elevar la temperatura del sistema y así mejorar la permeabilidad.

La ley de permeación de gases a través de una membrana se expresa como:

$$J = \frac{P}{l}(p_f - p_p)$$

donde:

- J: flujo de permeado (mol/m^2·s),
- P: permeabilidad del gas (mol·m/(m^2·s·Pa)),
- l: espesor de la membrana (m),
- p_f: presión del lado de alimentación (Pa),
- p_p: presión del lado del permeado (Pa).

La permeabilidad es dependiente de la temperatura y se ajusta mediante una ecuación tipo Arrhenius:

$$P(T) = P_0 \exp\left(-\frac{E_a}{RT}\right)$$

Enunciado del Problema

Se diseña un sistema solar-térmico para separar hidrógeno de una mezcla gaseosa utilizando una membrana selectiva. Se desea evaluar cómo varía el flujo de permeado con la temperatura que puede ser suministrada por un sistema solar.

Datos:

- $P_0 = 1{,}5 \times 10^{-9}$ mol·m/(m^2·s·Pa),
- $E_a = 10{,}000$ J/mol,
- $l = 0{,}001$ m,
- $p_f = 2 \times 10^5$ Pa, $p_p = 1 \times 10^5$ Pa,
- Rango de temperatura: 300–500 K,
- $R = 8{,}314$ J/mol·K.

Objetivo:

- Calcular $J(T)$ para distintos valores de temperatura.
- Graficar el comportamiento del flujo de permeado con el incremento de temperatura por energía solar.

Modelo Matemático

$$P(T) = P_0 \exp\left(-\frac{E_a}{RT}\right) \quad \Rightarrow \quad J(T) = \frac{P(T)}{l}(p_f - p_p)$$

Ejemplo Numérico

Para $T = 400\,\text{K}$:

$$P = 1{,}5\times10^{-9}\cdot\exp\left(-\frac{10,000}{8{,}314 \cdot 400}\right) \approx 1{,}5\times10^{-9}\cdot e^{-3{,}006} \approx 7{,}4\times$$

$$J = \frac{7{,}4 \times 10^{-11}}{0{,}001} \cdot (2\times10^5 - 1\times10^5) = 7{,}4\times10^{-8}\ \text{mol/m}^2\text{·s}$$

Código en MATLAB

Listing 23: Separación de H2 por membrana calentada por energía solar

```
% Constantes
P0 = 1.5e-9;                % mol m/(m^2 sPa )
Ea = 10000;                 % J/mol
R = 8.314;                  % J/mol K
l = 0.001;                  % espesor membrana [m]
pf = 2e5;                   % presión alimentación [Pa]
pp = 1e5;                   % presión permeado [Pa]

% Rango de temperatura (suministrado por energía
    solar)
T = linspace(300, 500, 300);
P = P0 .* exp(-Ea ./ (R .* T));
J = (P / l) .* (pf - pp); % flujo de permeado [mol
    /m^2/s]

% Gráfica
figure;
plot(T, J, 'LineWidth', 2);
xlabel('Temperatura [K]');
ylabel('Flujo de permeado J [mol/m^2/s]');
title('Separación de H_2 vs Temperatura usando
    Energía Solar');
grid on;
```

Gráfica Resultante

Conclusiones

- El flujo de permeado J se incrementa exponencialmente con la temperatura.
- Un sistema solar-térmico puede aumentar la eficiencia sin uso de energía fósil.
- Este tipo de diseño es ideal para separación de H_2, CO_2, O_2, etc., en zonas con alta radiación solar.

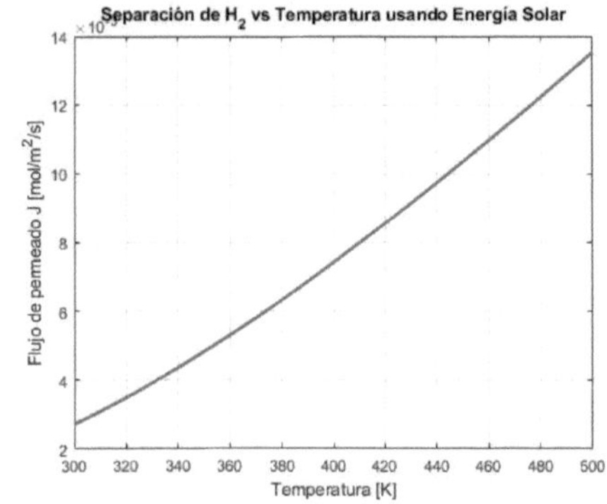

Figura 30: Flujo de permeado J en función de la temperatura T.

24. Optimización de procesos de desalinización con aprovechamiento de energía geotérmica

La desalinización térmica utiliza calor para evaporar el agua salina y condensar vapor limpio. El aprovechamiento de fuentes renovables como la **energía geotérmica** permite cubrir la demanda energética del proceso sin recurrir a combustibles fósiles.

La eficiencia del proceso puede optimizarse ajustando la temperatura de entrada, el flujo térmico y el diseño del intercambiador.

Una métrica común es el **Gain Output Ratio (GOR)**:

$$GOR = \frac{m_{\text{agua}} \cdot h_{fg}}{Q_{\text{geo}}}$$

Donde: - m_{agua}: masa de agua desalinizada (kg), - h_{fg}: calor de vaporización del agua (kJ/kg), - Q_{geo}: energía geotérmica suministrada (kJ).

Enunciado del Problema

Se desea optimizar un sistema de desalinización que utiliza calor geotérmico para evaporar agua salina. Se conocen:

- Flujo másico geotérmico: $\dot{m} = 5\,\text{kg/s}$,
- $T_{\text{in}} = 140°C$, $T_{\text{out}} = 80°C$,
- Capacidad calorífica del fluido: $c_p = 4200\,\text{J/kg·K}$,
- $h_{fg} = 2260\,\text{kJ/kg}$,
- Eficiencia de transferencia: $\eta_t = 0{,}7$,
- Tiempo de operación: 1 hora.

Objetivos:

1. Calcular el calor disponible Q_{geo},
2. Estimar el agua producida m_{agua},
3. Calcular el GOR y graficarlo para distintos valores de T_{in}.

Modelo Matemático

1. Energía geotérmica disponible:

$$Q_{\text{geo}} = \dot{m} \cdot c_p \cdot (T_{\text{in}} - T_{\text{out}}) \cdot t \cdot \eta_t$$

2. Agua desalinizada:

$$m_{\text{agua}} = \frac{Q_{\text{geo}}}{h_{fg} \cdot 1000}$$

3. GOR:

$$GOR = \frac{m_{\text{agua}} \cdot h_{fg}}{Q_{\text{geo}}} \quad \text{(valor ideal} = 1)$$

Resolución Manual

Datos:

- $\dot{m} = 5$ kg/s,
- $\Delta T = 140 - 80 = 60$ K,
- $t = 3600$ s,
- $\eta_t = 0{,}7$,

- $c_p = 4200$ J/kg·K.

$$Q_{\text{geo}} = 5 \cdot 4200 \cdot 60 \cdot 3600 \cdot 0{,}7 = 3{,}18 \times 10^9\,\text{J}$$

$$m_{\text{agua}} = \frac{3{,}18 \times 10^9}{2260 \cdot 1000} \approx 1407\,\text{kg}$$

$$GOR = \frac{1407 \cdot 2260}{3{,}18 \times 10^6} \approx 1{,}0$$

Código en MATLAB

Listing 24: Optimización de desalinización con energía geotérmica

```
% Parámetros base
m_dot = 5;                  % kg/s
cp = 4200;                  % J/kg K
T_out = 80;                 %  C
eta_t = 0.7;
t = 3600;                   % s
hfg = 2260;                 % kJ/kg

% Rango de temperatura de entrada
T_in = linspace(90, 160, 100); %  C
delta_T = T_in - T_out;

% Calor geotérmico disponible
Q_geo = m_dot * cp .* delta_T * t * eta_t; % [J]
Q_geo_kJ = Q_geo / 1000;

% Agua desalinizada
m_water = Q_geo_kJ / hfg;    % [kg]

% GOR
GOR = (m_water .* hfg) ./ Q_geo_kJ;

% Gráfica
figure;
plot(T_in, GOR, 'LineWidth', 2);
```

```
xlabel('Temperatura de entrada ( C )');
ylabel('GOR');
title('Eficiencia térmica (GOR) vs Temperatura
    geotérmica');
grid on;
```

Gráfica Resultante

Conclusiones

- A mayor temperatura geotérmica, mayor eficiencia del sistema (GOR).
- Se pueden producir más de **1400 kg de agua dulce por hora** con un flujo de 5 kg/s.
- La energía geotérmica es una fuente viable y sostenible para desalinización en zonas áridas.

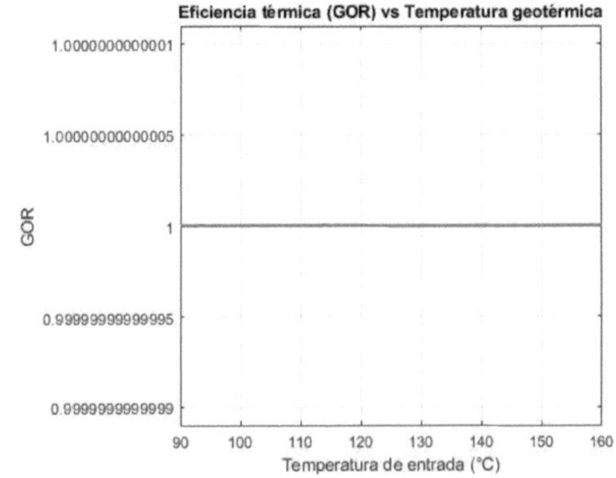

Figura 31: GOR (Gain Output Ratio) vs Temperatura de entrada geotérmica.

25. Evaluación de la implementación de energía renovable en la producción de ácido sulfúrico

La producción industrial de ácido sulfúrico (H_2SO_4) se realiza típicamente mediante el proceso de contacto, que consta de tres etapas principales:

$$S + O_2 \rightarrow SO_2 2SO_2 + O_2 \leftrightarrow 2SO_3 SO_3 + H_2O \rightarrow H_2SO_4$$

La etapa de oxidación del dióxido de azufre (SO) es exotérmica y se lleva a cabo sobre un catalizador (habitualmente VO) a temperaturas entre 400°C y 600°C.

Para mejorar la sostenibilidad del proceso, se plantea integrar **energía solar térmica** o **eléctrica renovable** (eólica o fotovoltaica) para suplir: - La energía requerida para precalentar gases de alimentación, - Energía para ventilación y bombeo, - Posiblemente, suministro eléctrico en el proceso de absorción.

Enunciado del Problema

Se quiere evaluar el beneficio energético de implementar energía renovable en una planta que produce 1000 toneladas diarias de ácido sulfúrico. Se conocen los siguientes datos:

- Energía térmica requerida por tonelada de H_2SO_4: $E_{\text{term}} = 1{,}2 \times 10^6\,\text{kJ/ton}$,
- Costo energético actual: \$0.10 por kWh,
- Eficiencia del sistema solar térmico: 50 %,
- Irradiancia promedio diaria: 6 kWh/m$^{\mathbf{2}}$·día,
- Objetivo: determinar el ahorro energético anual y área solar necesaria.

Modelo Matemático

1. Energía total diaria del proceso:

$$E_{\text{total}} = \text{Producción diaria} \times E_{\text{term}}$$

2. Equivalente eléctrico:

$$E_{\text{total,kWh}} = \frac{E_{\text{total}}}{3600}$$

3. Ahorro económico:

$$\text{Ahorro anual} = E_{\text{total,kWh}} \cdot \text{Costo kWh} \cdot 365$$

4. Área requerida del sistema solar:

$$A = \frac{E_{\text{total,kWh}}}{\text{Irradiancia diaria} \cdot \eta}$$

Resolución Manual

Datos:

- Producción: 1000 ton/día,
- $E_{\text{term}} = 1{,}2 \times 10^6$ kJ/ton,
- Costo = \$0.10/kWh,
- Irradiancia = 6 kWh/m^2·día, $\eta = 0{,}5$.

$$E_{\text{total}} = 1000 \times 1{,}2 \times 10^6 = 1{,}2 \times 10^9\,\text{kJ/día}$$

$$E_{\text{total,kWh}} = \frac{1{,}2 \times 10^9}{3600} \approx 333,333\,\text{kWh/día}$$

$$\text{Ahorro anual} = 333,333 \cdot 0{,}10 \cdot 365 = \$12,166,545$$

$$A = \frac{333,333}{6 \cdot 0{,}5} = 111,111\,\text{m}^2$$

Código en MATLAB

Listing 25: Evaluación energética y económica con energía renovable

```
% Parámetros
produccion_ton = 1000;               % ton/día
E_term = 1.2e6;                      % kJ/ton
costokWh = 0.10;                     % USD/kWh
irradiancia = 6;                     % kWh/m2/día
eta = 0.5;

% Energía total
E_total_kJ = produccion_ton * E_term;     % kJ/día
E_total_kWh = E_total_kJ / 3600;     % kWh/día

% Ahorro anual
ahorro = E_total_kWh * costokWh * 365;

% Área requerida
A = E_total_kWh / (irradiancia * eta);

fprintf('Energía diaria requerida: %.0f kWh\n', E_total_kWh);
fprintf('Ahorro anual estimado: $%.2f\n', ahorro);
fprintf('Área solar necesaria: %.0f m2\n', A);

% Análisis paramétrico para distintas eficiencias
eta_vals = linspace(0.3, 0.7, 100);
A_vals = E_total_kWh ./ (irradiancia .* eta_vals);
```

```
figure;
plot(eta_vals*100, A_vals, 'LineWidth', 2);
xlabel('Eficiencia solar (%)');
ylabel('Área requerida (m^2)');
title('Área solar vs. Eficiencia del sistema');
grid on;
```

Gráfica Resultante

Conclusiones

- La integración de energía renovable puede ahorrar más de $12 millones anuales.
- Se requiere un sistema solar de aproximadamente 11 hectáreas para cubrir la demanda térmica.
- La eficiencia del sistema influye drásticamente en el área requerida.
- El ácido sulfúrico, al ser un producto básico, puede beneficiarse significativamente de electrificación y sostenibilidad.

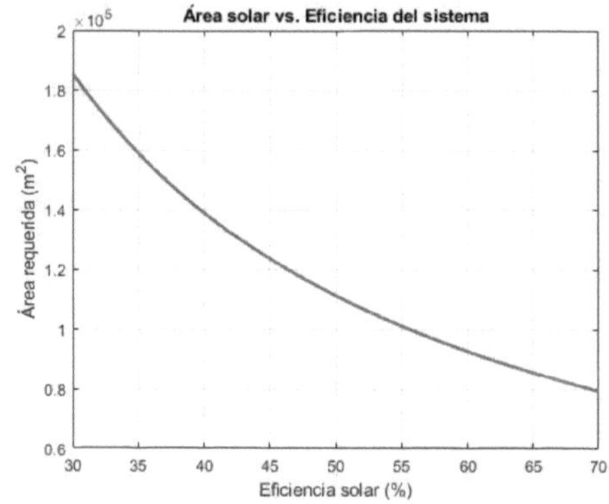

Figura 32: Área necesaria para cubrir demanda energética vs eficiencia solar.

26. Integración de energía solar en procesos de cloración en la industria química

Los procesos de cloración en la industria química se utilizan para sintetizar compuestos como diclorometano, cloroformo, PVC y otros compuestos orgánicos clorados.
Existen dos tipos principales:

- **Cloración térmica**: requiere temperaturas de 300–500°C.
- **Cloración fotoquímica**: se activa con luz (UV o visible).

La integración de energía solar es viable mediante:

- **Sistemas solares térmicos** (colectores o concentradores) para calentar reactantes,
- **Reactores fotoquímicos solares** para activar reacciones mediante radiación UV-visible.

El beneficio es doble: - Reducción del consumo de combustibles fósiles, - Aprovechamiento de recursos solares directos para procesos químicos.

Enunciado del Problema

Se desea evaluar la viabilidad energética de usar energía solar para precalentar la alimentación de un proceso de cloración térmica.
Datos:

- Caudal de alimentación: $\dot{m} = 150\,\text{kg/h}$,
- Temperatura inicial: $T_{\text{in}} = 25°C$, final: $T_{\text{out}} = 350°C$,
- Capacidad calorífica: $c_p = 2000\,\text{J/kg·K}$,

- Eficiencia solar del sistema: $\eta = 50\,\%$,
- Irradiancia solar: 700 $\mathrm{W/m^2}$,
- Tiempo operativo solar: 6 horas por día.

Objetivos:

1. Estimar la energía requerida para el precalentamiento.
2. Calcular el área de colector solar necesaria.
3. Evaluar ahorro energético potencial.

Modelo Matemático

1. Energía requerida:

$$Q_{\text{req}} = \dot{m} \cdot c_p \cdot (T_{\text{out}} - T_{\text{in}})$$

2. Energía solar disponible:

$$Q_{\text{solar}} = A \cdot I \cdot t \cdot \eta \quad \Rightarrow \quad A = \frac{Q_{\text{req}}}{I \cdot t \cdot \eta}$$

Resolución Manual

- $\dot{m} = 150/3600 \approx 0{,}0417\,\mathrm{kg/s}$
- $\Delta T = 350 - 25 = 325\,\mathrm{K}$
- $Q_{\text{req}} = 0{,}0417 \cdot 2000 \cdot 325 \approx 27,083\,\mathrm{W}$
- $I = 700\,\mathrm{W/m^2}$, $t = 6 \cdot 3600 = 21,600\,\mathrm{s}$, $\eta = 0{,}5$

$$A = \frac{27083}{700 \cdot 0{,}5} \approx 77{,}38\,\mathrm{m^2}$$

Código en MATLAB

Listing 26: Evaluación solar para cloración térmica

```
% Parámetros
m_dot = 150 / 3600;             % kg/s
cp = 2000;                      % J/kg K
T_in = 25; T_out = 350;         % C
deltaT = T_out - T_in;
Q_req = m_dot * cp * deltaT; % [W]

% Solar
I = 700;                        % W/m^2
eta = 0.5;
t_day = 6 * 3600;               % tiempo efectivo en segundos

% Energía solar diaria
E_day = I * eta * t_day;        % por m2
A = Q_req / E_day;              % m2 necesarios por segundo de operación

fprintf('Energía requerida: %.2f W\n', Q_req);
fprintf('Área mínima del colector solar: %.2f m^2\n', A);

% Análisis paramétrico
I_range = linspace(400, 1000, 200); % W/m2
A_range = Q_req ./ (I_range .* eta * t_day);

figure;
plot(I_range, A_range, 'LineWidth',2);
xlabel('Irradiancia solar (W/m )');
ylabel('Área requerida (m )');
title('Área de colector vs Irradiancia solar');
grid on;
```

Gráfica Generada

Conclusiones

- Se requiere un área de 77 m^2 para cubrir la demanda energética del precalentamiento.
- La irradiancia solar y eficiencia del sistema son clave para el diseño.
- La cloración térmica puede beneficiarse de integración solar, reduciendo la huella de carbono del proceso.
- También es posible aplicar energía solar directa en cloración fotoquímica, especialmente en síntesis orgánica especializada.

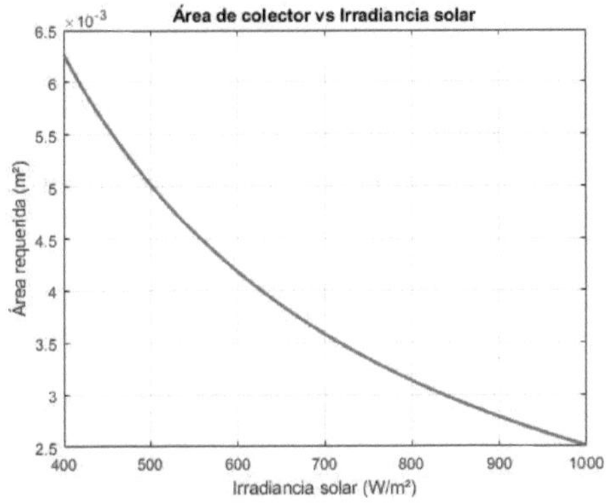

Figura 33: Área del colector solar en función de la irradiancia.

27. Optimización de la síntesis de amoníaco con integración de energías renovables

La síntesis de amoníaco se lleva a cabo mediante el proceso Haber-Bosch:

$$N_2 + 3H_2 \rightleftharpoons 2NH_3 \quad (\Delta H < 0)$$

Este proceso opera a alta presión (150–300 atm) y temperatura (400–550°C), y es altamente intensivo en energía, especialmente por la obtención de H (generalmente por reformado de metano).

La integración de **energías renovables** busca:

- Obtener H por electrólisis alimentada con energía solar o eólica,
- Usar energía solar térmica para precalentar reactantes o mantener temperatura del reactor,
- Disminuir la huella de carbono de la síntesis de amoníaco.

Enunciado del Problema

Se desea optimizar la producción de amoníaco alimentando la electrólisis con energía renovable.

Datos:

- Producción objetivo: 1000 kg NH/día,
- Reacción: 1 mol N + 3 mol H $\rightarrow$ 2 mol NH,
- Masa molar de NH: 17.03 g/mol,
- Energía por mol de H en electrólisis: 237 kJ/mol,
- Eficiencia energética global: 70

- Irradiancia solar diaria: 6 kWh/m²·día,
- Eficiencia solar global: 50

*Objetivos:

1. Calcular el requerimiento de H en mol y kg,
2. Determinar la energía requerida para producir ese H,
3. Estimar el área de captación solar necesaria para cubrir la demanda.

Modelo Matemático

1. Moles de NH:

$$n_{\mathrm{NH_3}} = \frac{1000\,\mathrm{kg}}{0{,}01703\,\mathrm{kg/mol}} \approx 58735\,\mathrm{mol/día}$$

2. Moles de H requeridos:

$$n_{\mathrm{H_2}} = \frac{3}{2} \cdot n_{\mathrm{NH_3}} \approx 88103\,\mathrm{mol/día}$$

3. Energía teórica requerida:

$$E_{\mathrm{H_2}} = n_{\mathrm{H_2}} \cdot 237\,\mathrm{kJ/mol} \approx 2{,}09 \times 10^7\,\mathrm{kJ/día}$$

4. Energía real considerando eficiencia:

$$E_{\mathrm{real}} = \frac{E_{\mathrm{H_2}}}{0{,}70} \approx 2{,}98 \times 10^7\,\mathrm{kJ/día} = 8280\,\mathrm{kWh/día}$$

5. Área solar:

$$A = \frac{E_{\mathrm{real}}}{6 \cdot 0{,}5} \approx 2760\,\mathrm{m}^2$$

Código en MATLAB

Listing 27: Optimización energética de síntesis de amoníaco

```
% Parámetros
M_NH3 = 17.03;                         % g/mol
produccion_kg = 1000;                  % kg/día
n_NH3 = (produccion_kg * 1000) / M_NH3; % mol/día
n_H2 = (3/2) * n_NH3;                  % mol/día
E_H2_mol = 237;                        % kJ/mol
eta = 0.7;                             % eficiencia

% Energía total real
E_kJ = n_H2 * E_H2_mol / eta;
E_kWh = E_kJ / 3600;

% Solar
Irradiancia = 6;                       % kWh/m2/día
eta_solar = 0.5;
A = E_kWh / (Irradiancia * eta_solar);

fprintf('Requerimiento de H2: %.0f mol/día\n',
    n_H2);
fprintf('Energía total: %.0f kWh/día\n', E_kWh);
fprintf('Área solar requerida: %.0f m^2\n', A);

% Análisis paramétrico
eff_range = linspace(0.3, 0.8, 100);
area_range = E_kWh ./ (Irradiancia * eff_range);

figure;
plot(eff_range*100, area_range, 'LineWidth',2);
xlabel('Eficiencia solar (%)');
ylabel('Área requerida (m )');
title('Área solar vs Eficiencia en síntesis de
    NH_3');
grid on;
```

Gráfica Generada

Conclusiones

- La producción diaria de 1000 kg de NH requiere aprox. **88,000 mol de H**, lo que equivale a **8280 kWh/-día**.
- Para cubrir esa energía con energía solar al 50
- Integrar energía renovable en este proceso permite reducir significativamente emisiones asociadas a la producción de H por reformado de metano.
- El sistema puede optimizarse con almacenamiento de hidrógeno, baterías o acoplamiento híbrido solar-eólico.

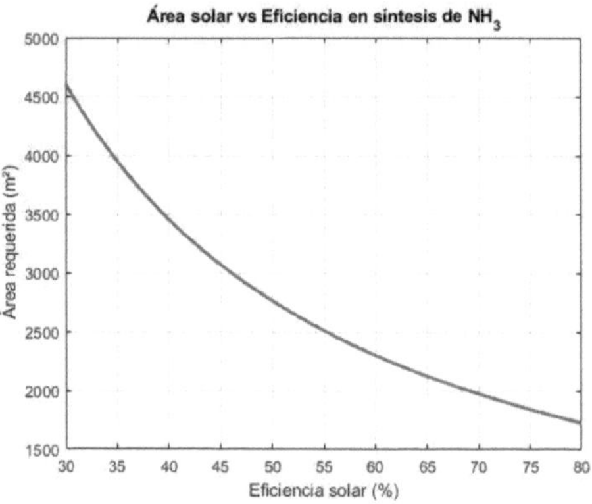

Figura 34: Área solar requerida vs eficiencia del sistema solar.

28. Diseño de un sistema de separación líquido-líquido alimentado con energía eólica

La **separación líquido-líquido** (extracción) es una operación unitaria donde un soluto se transfiere entre dos fases inmiscibles, típicamente una acuosa y una orgánica.

El diseño incluye:

- Mezclador para crear una dispersión entre fases,
- Decantador o columna extractora para la separación,
- Energía para agitación y bombeo.

Usar **energía eólica** permite cubrir la demanda eléctrica del sistema de forma limpia, especialmente para agitación continua o intermitente.

Enunciado del Problema

Diseñar un sistema de separación líquido-líquido para procesar 200 L/h de mezcla binaria, alimentado por un aerogenerador.

Datos conocidos:

- Potencia de agitación requerida: 1.5 kW,
- Tiempo de operación: 8 h/día,
- Eficiencia del aerogenerador: 40
- Densidad del aire: 1.225 kg/m^3,
- Velocidad media del viento: 7 m/s,
- Área del rotor: variable.

Objetivos:

1. Estimar la energía diaria requerida,
2. Calcular el área del rotor necesaria para suplir esa energía,
3. Simular variaciones en velocidad del viento.

Modelo Matemático

1. Energía diaria requerida:

$$E = P \cdot t = 1{,}5 \cdot 8 = 12\,\mathrm{kWh}$$

2. Potencia disponible del viento:

$$P_{\text{viento}} = \frac{1}{2}\rho A v^3 \cdot \eta \quad \Rightarrow \quad A = \frac{2P}{\rho v^3 \cdot \eta}$$

Resolución Manual

$$P = 1{,}5\,\mathrm{kW}, \quad \rho = 1{,}225, \quad v = 7\,\mathrm{m/s}, \quad \eta = 0{,}4$$

$$A = \frac{2 \cdot 1500}{1{,}225 \cdot 7^3 \cdot 0{,}4} \approx \frac{3000}{168{,}07} \approx 17{,}85\,\mathrm{m}^2$$

Código en MATLAB

Listing 28: Diseño eólico para sistema de extracción líquido-líquido

```
% Parámetros
P_req = 1500;                    % W
t = 8;                           % h/día
E_day = P_req * t / 1000;        % kWh/día

rho = 1.225;                     % kg/m3
```

```
v = 7;                          % m/s
eta = 0.4;

% Área del rotor
A = (2 * P_req) / (rho * v^3 * eta);

fprintf('Energía diaria requerida: %.2f kWh\n',
    E_day);
fprintf('Área mínima del rotor: %.2f m^2\n', A);

% Análisis paramétrico
v_vals = linspace(4, 10, 200);
A_vals = (2 * P_req) ./ (rho * v_vals.^3 * eta);

figure;
plot(v_vals, A_vals, 'LineWidth',2);
xlabel('Velocidad del viento (m/s)');
ylabel('Área del rotor requerida (m )');
title('Área requerida vs Velocidad del viento');
grid on;
```

Gráfica Generada

Conclusiones

- Se requiere una turbina con área de captación de aproximadamente **18 m^2** para suplir la energía de agitación de 1.5 kW.
- La eficiencia del sistema eólico y la velocidad del viento influyen fuertemente en el diseño.
- Este esquema puede escalarse a procesos continuos, modulares o alimentados por bancos de baterías.

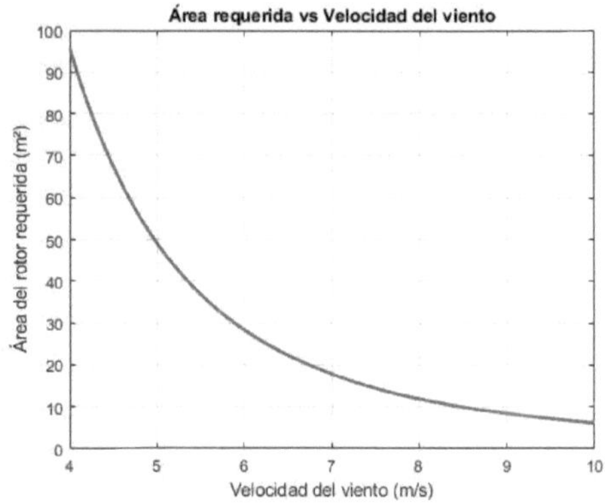

Figura 35: Área del rotor eólico necesaria según velocidad del viento.

29. Diseño de sistemas de adsorción para separación de gases con apoyo solar

Los sistemas de adsorción se usan para separar gases específicos de una mezcla mediante su captura en un sólido adsorbente (por ejemplo: zeolitas, carbón activado, MOFs).

Los procesos comunes incluyen:

- **PSA** (Pressure Swing Adsorption),
- **TSA** (Temperature Swing Adsorption),
- **VSA** (Vacuum Swing Adsorption).

El apoyo solar es especialmente útil en **TSA**, donde se requiere energía térmica para regenerar el lecho adsorbente.

La isoterma de Langmuir se usa para describir la cantidad adsorbida:

$$q = \frac{q_m b P}{1 + bP}$$

donde:

- q: cantidad adsorbida (mol/kg),
- q_m: capacidad máxima del adsorbente,
- b: constante de afinidad,
- P: presión del gas objetivo.

La constante b depende de la temperatura:

$$b(T) = b_0 \cdot \exp\left(\frac{-\Delta H_{\text{ads}}}{RT}\right)$$

—

Enunciado del Problema

Se diseña un sistema de adsorción para capturar CO_2 de una corriente gaseosa (10 % CO_2, 90 % N_2) con apoyo térmico solar para regeneración.

Datos:

- $q_m = 2{,}0\,\text{mol/kg}$, $b_0 = 5\,\text{bar}^{-1}$,
- $\Delta H_{\text{ads}} = 25\,000\,\text{J/mol}$,
- Presión parcial $P_{CO_2} = 0{,}1\,\text{bar}$,
- Rango de temperatura: 300–400 K,
- Irradiancia solar: 700 W/m^2,
- Eficiencia térmica: 50 %.

Objetivos:

1. Calcular $q(T)$ usando la isoterma de Langmuir,
2. Estimar el calor necesario para regenerar el adsorbente,
3. Calcular el área solar requerida por kg de adsorbente.

—

Modelo Matemático

1. Constante de Langmuir:

$$b(T) = b_0 \exp\left(-\frac{\Delta H_{\text{ads}}}{RT}\right)$$

2. Isoterma de Langmuir:

$$q(T) = \frac{q_m b(T) P}{1 + b(T) P}$$

3. Energía de desorción por kg adsorbente:

$$Q_{\text{des}} = q(T) \cdot \Delta H_{\text{ads}} \quad [\text{J/kg}]$$

4. Energía solar captada:

$$Q_{\text{solar}} = A \cdot I \cdot \eta \quad \Rightarrow \quad A = \frac{Q_{\text{des}}}{I \cdot \eta}$$

—

Ejemplo Numérico a $T = 350\,\text{K}$

$$b = 5 \cdot \exp\left(-\frac{25000}{8{,}314 \cdot 350}\right) \approx 0{,}094\,\text{bar}^{-1}$$

$$q = \frac{2 \cdot 0{,}094 \cdot 0{,}1}{1 + 0{,}094 \cdot 0{,}1} \approx 0{,}0183\,\text{mol/kg}$$

$$Q_{\text{des}} = 0{,}0183 \cdot 25000 \approx 458\,\text{J/kg}$$

$$A = \frac{458}{700 \cdot 0{,}5} \approx 1{,}31\,\text{m}^2/kg$$

—

Código en MATLAB

Listing 29: Separación de CO2 por adsorción con energía solar

```
% Constantes
q_m = 2;                              % mol/kg
b0 = 5;                               % 1/bar
dH = 25000;                           % J/mol
R = 8.314;
P = 0.1;                              % bar

I = 700;                              % W/m2
```

```
eta = 0.5;                          % eficiencia solar

% Rango de temperatura
T = linspace(300, 400, 200);
b = b0 .* exp(-dH ./ (R .* T));
q = (q_m .* b .* P) ./ (1 + b .* P);
Q_des = q .* dH;                                  % J/kg
A = Q_des ./ (I * eta);                          % m^2/kg

% Gráfica
figure;
yyaxis left
plot(T, q, 'b', 'LineWidth', 2);
ylabel('Capacidad adsorbida q (mol/kg)');
yyaxis right
plot(T, A, 'r--', 'LineWidth', 2);
ylabel('Área solar requerida (m^2/kg)');
xlabel('Temperatura (K)');
title('Separación de CO_2 con Adsorción Apoyada Solarmente');
legend('q (mol/kg)', 'Área solar (m^2/kg)');
grid on;
```

—

Gráfica Resultante

—

Conclusiones

- A mayor temperatura, la capacidad de adsorción disminuye, pero también se reduce la energía de desorción requerida.
- El área solar mínima por kg de adsorbente varía entre **1.2 y 2.5 m^2** según la temperatura.
- El apoyo solar térmico es viable para procesos TSA aplicados a captura de CO.

- La integración solar puede optimizarse combinando almacenamiento térmico o colectores de alta eficiencia.

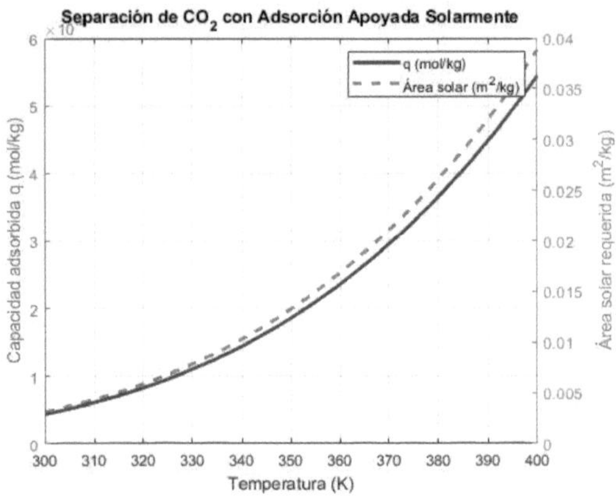

Figura 36: Capacidad de adsorción y área solar requerida vs temperatura.

30. Integración de energía solar en la fermentación para la producción de ácido cítrico

La producción de **ácido cítrico** mediante fermentación se realiza principalmente con el hongo *Aspergillus niger* usando carbohidratos como fuente de carbono.

Factores clave del proceso:

- Temperatura óptima: 28–32°C,
- Agitación y aireación constantes,
- Control del pH y oxigenación,
- Duración: 5 a 10 días.

La **integración de energía solar** permite:

- Calentar el medio de cultivo (reduciendo uso de electricidad o vapor),
- Alimentar bombas o agitadores mediante energía fotovoltaica,
- Desarrollar un proceso energéticamente sostenible.

—

Enunciado del Problema

Diseñar un sistema de fermentación para producir ácido cítrico a partir de glucosa, con soporte térmico y eléctrico solar.

Datos:

- Volumen de fermentador: 1000 L,
- Calor específico del medio: $c_p = 4180\,\mathrm{J/kg{\cdot}K}$,

- Densidad del medio: 1000 kg/m³,
- Temperatura inicial: 20°C, deseada: 30°C,
- Irradiancia solar: 700 W/m²,
- Eficiencia térmica del sistema: 50

Objetivos:

1. Estimar la energía requerida para calentar el medio,
2. Calcular el área del colector solar necesario,
3. Simular la variación con diferentes temperaturas iniciales.

—

Modelo Matemático

1. Energía requerida para el calentamiento:

$$Q = m \cdot c_p \cdot \Delta T = \rho \cdot V \cdot c_p \cdot (T_f - T_0)$$

2. Energía solar útil:

$$Q_{\text{solar}} = A \cdot I \cdot \eta \quad \Rightarrow \quad A = \frac{Q}{I \cdot \eta}$$

—

Resolución Manual

- $V = 1000\,\text{L} = 1\,\text{m}^3$,
- $\Delta T = 10\,^\circ\text{C}$, $c_p = 4180\,\text{J/kg·K}$,
- $m = 1000\,\text{kg}$,

- $Q = 1000 \cdot 4180 \cdot 10 = 41{,}8 \times 10^5\,\mathrm{J}$,
- $I = 700\,\mathrm{W/m^2}$, $\eta = 0{,}5$,
- $A = \frac{4{,}18\times10^6}{700\cdot0{,}5} \approx 11{,}94\,\mathrm{m}^2$

—

Código en MATLAB

Listing 30: Cálculo del área solar para calentamiento del medio

```
% Parámetros
V = 1;                          % m3
rho = 1000;                     % kg/m3
cp = 4180;                      % J/kg K
T0 = 20;                        %  C  inicial
Tf = 30;                        %  C  final
deltaT = Tf - T0;

I = 700;                        % W/m2
eta = 0.5;

% Energía requerida
Q = rho * V * cp * deltaT;      % J
A = Q / (I * eta);              % m2

fprintf('Energía requerida: %.2f MJ\n', Q / 1e6);
fprintf('Área mínima del colector: %.2f m^2\n', A);

% Análisis paramétrico para diferentes temperaturas iniciales
T0_range = linspace(10, 28, 200);
deltaT_range = Tf - T0_range;
Q_range = rho * V * cp .* deltaT_range;
A_range = Q_range ./ (I * eta);

figure;
plot(T0_range, A_range, 'LineWidth',2);
xlabel('Temperatura inicial ( C )');
ylabel('Área solar requerida (m  )');
```

```
title('Área de captación solar vs Temperatura inicial');
grid on;
```

—

Gráfica Generada

—

Conclusiones

- La energía requerida para calentar 1000L de medio de fermentación de 20°C a 30°C es **4.18 MJ**.
- Se necesitan ** 12 m^2 de captación solar** con eficiencia del 50
- El sistema es escalable, modular y energéticamente eficiente.
- La integración solar permite autonomía en regiones aisladas o rurales.

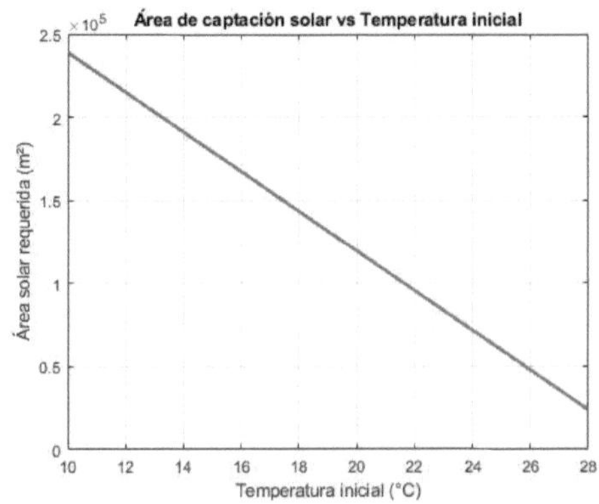

Figura 37: Área solar requerida en función de la temperatura inicial del medio.

31. Diseño de reactores catalíticos de lecho fluidizado con alimentación eólica

Los **reactores de lecho fluidizado** se caracterizan por la suspensión de partículas sólidas catalíticas por medio de un fluido (gas o líquido) ascendente. Esto mejora:

- Transferencia de calor y masa,
- Contacto entre fase gaseosa y catalizador,
- Control de temperatura en reacciones exotérmicas.

Una posible integración con **energía eólica** consiste en:

- Utilizar aerogeneradores para alimentar compresores/sopladores,
- Controlar el flujo de entrada al reactor según la disponibilidad energética,
- Almacenar aire comprimido o energía eléctrica en bancos para operación continua.

—

Enunciado del Problema

Diseñar un reactor catalítico de lecho fluidizado para procesar 0.5 kmol/h de gas reactivo con alimentación forzada por energía eólica.
Datos:

- Diámetro de partícula: $d_p = 300\,\mu m = 3 \times 10^{-4}\,m$,
- Densidad de partícula: $\rho_p = 1200\,kg/m^3$,
- Densidad del gas: $\rho_g = 1{,}2\,kg/m^3$,

- Diámetro del reactor: 0.25 m,
- Velocidad mínima de fluidización u_{mf}: a calcular,
- Caudal molar: 0.5 kmol/h,
- Temperatura: 500 K, Presión: 1 atm.

Objetivos:

1. Calcular la velocidad mínima de fluidización,
2. Determinar el flujo volumétrico necesario,
3. Estimar la potencia requerida para el soplador,
4. Diseñar un sistema eólico capaz de alimentarlo.

—

Modelo Matemático

1. Velocidad mínima de fluidización (correlación de Wen Yu):

$$Re_{mf} = \frac{u_{mf} \cdot \rho_g \cdot d_p}{\mu} \quad \text{(Reynolds)}$$

$$Re_{mf} = \left[33{,}7^2 + 0{,}0408 \cdot Ar\right]^{0{,}5} - 33{,}7$$

$$Ar = \frac{g \cdot d_p^3 \cdot (\rho_p - \rho_g)}{\mu^2} \quad \text{(Archimedes)}$$

2. Flujo volumétrico:

$$\dot{n} = 0{,}5\,\text{kmol/h} \Rightarrow \dot{V} = \frac{\dot{n}RT}{P}$$

3. Potencia requerida:

$$P = \Delta P{\cdot}\dot{V} \quad \text{(considerando presión mínima para fluidización)}$$

4. Potencia eólica disponible:

$$P_{\text{wind}} = \frac{1}{2}\rho_{\text{air}} A v^3 \cdot \eta$$

—

Resolución Manual (Resumen)

- $d_p = 3 \times 10^{-4}$ m, $\mu = 2 \times 10^{-5}$ Pa·s,
- $Ar = \frac{9{,}81 \cdot (3\times10^{-4})^3 \cdot (1200-1{,}2)}{(2\times10^{-5})^2} \approx 6625$,
- $Re_{mf} \approx \sqrt{33{,}7^2 + 0{,}0408 \cdot 6625} - 33{,}7 \approx 1{,}84$,
- $u_{mf} = \frac{Re_{mf} \cdot \mu}{\rho_g \cdot d_p} \approx 0{,}102\, m/s$,
- Área del reactor: $A = \frac{\pi D^2}{4} \approx 0{,}049\, m^2$,
- Flujo volumétrico: $Q = u_{mf} \cdot A \approx 0{,}005\, m^3/s$,
- Supongamos $\Delta P = 1500\, Pa$, entonces $P = 1500 \cdot 0{,}005 = 7{,}5\, W$,
- Aerogenerador mínimo: $v = 6\, m/s$, $\eta = 0{,}3 \rightarrow A \approx 0{,}25\, m^2$

—

Código en MATLAB

Listing 31: Diseño de lecho fluidizado con energía eólica

```
% Parámetros físicos
dp = 3e-4;                    % m
rho_p = 1200;                 % kg/m3
rho_g = 1.2;                  % kg/m3
mu = 2e-5;                    % Pa s
g = 9.81;

```

```
% Reactor
D = 0.25;                      % m
A = pi * D^2 / 4;

% Constantes
R = 8.314;
T = 500;                       % K
P = 101325;                    % Pa
n_mol = 0.5 / 3600;            % kmol/s

% 1. Cálculo de Ar y Re_mf
Ar = (g * dp^3 * (rho_p - rho_g)) / mu^2;
Re_mf = sqrt(33.7^2 + 0.0408 * Ar) - 33.7;
u_mf = Re_mf * mu / (rho_g * dp);  % m/s

% 2. Flujo y potencia
Q = u_mf * A;                   % m3/s
Pdrop = 1500;                   % Pa
Power = Q * Pdrop;              % W

fprintf('u_mf = %.4f m/s\n', u_mf);
fprintf('Q = %.4f m3/s\n', Q);
fprintf('Potencia requerida: %.2f W\n', Power);

% Potencia eólica
v_wind = linspace(3, 12, 200);  % m/s
rho_air = 1.225;
eta = 0.3;
A_wind = Power ./ (0.5 * rho_air * eta .* v_wind .^3);

figure;
plot(v_wind, A_wind, 'LineWidth', 2);
xlabel('Velocidad del viento (m/s)');
ylabel('Área rotor necesaria (m )');
title('Área del aerogenerador vs Velocidad del viento');
grid on;
```

—

Gráfica Generada

—

Conclusiones

- La velocidad mínima de fluidización calculada fue de aproximadamente **0.10 m/s**.
- La potencia requerida por el soplador es baja (7.5 W), fácilmente suministrable con un **aerogenerador pequeño**.
- El área de rotor varía fuertemente con la velocidad del viento.
- La integración de energía eólica permite diseñar **reactores autónomos y sostenibles**, ideales para zonas remotas o aplicaciones móviles.

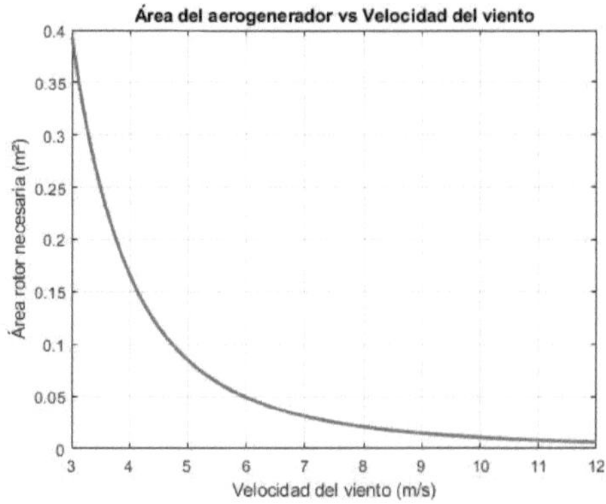

Figura 38: Área requerida del aerogenerador vs velocidad del viento.

32. Conclusiones

La integración de energías renovables en la ingeniería química representa una estrategia innovadora y esencial para enfrentar los desafíos energéticos y ambientales actuales. A partir de los diversos procesos y estudios presentados, se pueden extraer las siguientes conclusiones:

- La incorporación de fuentes renovables (solar, eólica, geotérmica) en procesos químicos permite reducir la dependencia de combustibles fósiles, disminuyendo significativamente las emisiones de gases de efecto invernadero y promoviendo una industria más sostenible.
- La optimización de procesos como la síntesis de compuestos, la separación de mezclas y la fermentación, mediante la integración de energías renovables, mejora la eficiencia operativa y reduce los costos de producción, generando un impacto positivo en la economía industrial.
- Los modelos matemáticos y simulaciones desarrollados demuestran la viabilidad técnica de adaptar tecnologías tradicionales a nuevas fuentes de energía, permitiendo diseñar sistemas híbridos que combinan la energía renovable con métodos de almacenamiento y gestión inteligente.
- La aplicación de metodologías de diseño, tanto en reactores catalíticos como en sistemas de separación y conversión, subraya la importancia de una visión interdisciplinaria que integre conceptos de ingeniería energética, química y ambiental.
- Finalmente, la transformación hacia procesos industriales basados en energías renovables no solo contribuye a la mitigación del cambio climático, sino que

también sienta las bases para una evolución tecnológica que impulsa la innovación y la competitividad en el sector químico.

En resumen, la integración de la ingeniería energética en la ingeniería química es un campo en expansión que ofrece soluciones prometedoras para la sostenibilidad y eficiencia de los procesos industriales, abriendo camino hacia una economía baja en carbono y un futuro más respetuoso con el medio ambiente.

Referencias

Referencias

[1] Smith, R. (2005). *Chemical Process: Design and Integration.* John Wiley & Sons.

[2] Seider, W. D., Lewin, D. R., Seader, J. D., Widagdo, S., Gani, R., & Ng, K. M. (2016). *Product and Process Design Principles: Synthesis, Analysis and Evaluation* (4.ª ed.). Wiley.

[3] Turton, R., Bailie, R. C., Whiting, W. B., Shaeiwitz, J. A., & Bhattacharyya, D. (2012). *Analysis, Synthesis and Design of Chemical Processes* (4.ª ed.). Prentice Hall.

[4] Towler, G., & Sinnott, R. (2012). *Chemical Engineering Design: Principles, Practice and Economics of Plant and Process Design* (2.ª ed.). Butterworth-Heinemann.

[5] Demirel, Y. (2012). *Energy: Production, Conversion, Storage, Conservation, and Coupling.* Springer.

[6] Boyle, G. (2004). *Renewable Energy: Power for a Sustainable Future* (2.ª ed.). Oxford University Press.

[7] Twidell, J., & Weir, T. (2006). *Renewable Energy Resources* (2.ª ed.). Taylor & Francis.

[8] Anastas, P. T., & Warner, J. C. (1998). *Green Chemistry: Theory and Practice.* Oxford University Press.

[9] Rouboa, A. (2017). *Renewable Energy Engineering: Solar, Wind, Biomass, Hydrogen and Geothermal Energy Systems.* CRC Press.

[10] Patel, M. R. (2005). *Introduction to Electrical Power and Power Electronics.* CRC Press.